数值分析实验

胡振中 编著

清华大学出版社
北京

内 容 简 介

本书是一本专注于数值分析实验的指导书籍,通过精心设计的实验项目,引导读者深入理解数值分析的基本概念和方法,帮助读者打下坚实基础并提升实践能力。内容涵盖数值计算的基本原理、算法实现以及实际应用案例,旨在帮助读者掌握数值分析的核心知识并能够熟练运用 C♯ 编程语言和 Visual Studio 平台进行数值计算实验。本书特色鲜明,实验内容系统性强、实验案例实用、实验环境易用。读者对象主要为高年级本科生、研究生、从事科学计算和工程应用的科研人员以及相关专业的高校教师,可作为教学参考书或自学指导书。

图书在版编目(CIP)数据

数值分析实验 / 胡振中编著. -- 北京:清华大学出版社,2025.7.
ISBN 978-7-302-69987-3

Ⅰ. O241-33

中国国家版本馆 CIP 数据核字第 2025YY9828 号

责任编辑:刘 颖
封面设计:傅瑞学
责任校对:欧 洋
责任印制:刘 菲

出版发行:清华大学出版社
　　网　　　址:https://www.tup.com.cn,https://www.wqxuetang.com
　　地　　　址:北京清华大学学研大厦 A 座　　　　邮　　编:100084
　　社 总 机:010-83470000　　　　　　　　　　邮　　购:010-62786544
　　投稿与读者服务:010-62776969,c-service@tup.tsinghua.edu.cn
　　质量反馈:010-62772015,zhiliang@tup.tsinghua.edu.cn
印 装 者:三河市人民印务有限公司
经　　销:全国新华书店
开　　本:185mm×260mm　　印　张:8.75　　　　　字　数:210 千字
版　　次:2025 年 7 月第 1 版　　　　　　　　印　次:2025 年 7 月第 1 次印刷
定　　价:29.00 元

产品编号:112755-01

前 言

数值计算是科学计算和工程应用中的核心组成部分,广泛应用于物理、化学、生物、金融、工程等领域。它通过数学模型和算法来解决实际问题,尤其是在不存在精确解的情况下,数值计算提供了一种有效的近似求解手段。例如,在天气预报、航空航天、结构分析、流体动力学等领域,数值计算能够模拟复杂的自然现象和工程问题,帮助科学家和工程师进行预测、优化和决策。

随着计算机技术的飞速发展,数值计算的规模和复杂度也在不断增加。现代科学研究和工程实践中,往往需要处理大规模的数据集和复杂的数学模型,这对数值计算的效率和精度提出了更高的要求。因此,掌握数值计算的基本原理和实现方法,对于从事科学计算和工程应用的研究人员和开发者来说,具有重要的意义。

基于此背景,我们结合课堂教学及工程应用经验,针对实际教学需求,编写了这本《数值分析实验》,旨在帮助读者学习如何使用 C♯ 编程语言和 Visual Studio 平台创建并使用数值计算库。C♯ 是一种功能强大且易于学习的编程语言,广泛应用于 Windows 平台上的应用程序开发。通过学习本书,读者将能够:

➢ 理解数值计算的基本概念和应用场景。

➢ 掌握 C♯ 编程语言的基础语法和面向对象编程思想。

➢ 熟悉 Visual Studio 开发环境的使用,包括项目管理和调试技巧。

➢ 学会使用 NuGet 包管理器来管理和扩展项目依赖。

➢ 能够逐步创建并完善属于自己的数值计算库,并将其应用于解决实际数值计算问题。

本书在编写过程中得到清华大学、清华大学深圳国际研究生院的支持,诸多灵感来自于清华大学深圳国际研究生院钱翔老师,课题组成员闵妍涛、姜熙媛、何佳泽、刘毅也参与了教材的编审和例题的制作,在此向他们一并表示由衷的感谢! 本书的出版得到了国家重点研发计划项目(2022YFC3801100)、广东省基础与应用基础研究基金项目(2022B1515130006)和清华大学深圳国际研究生院教改项目(202303J001)的支持,一并感谢!

另外,本书构建的数值计算库源代码已上传至出版社的云盘,读者可以扫描本页的二维码获取,以供学习参考。

由于时间匆忙、水平有限,书中难免错漏之处,请读者批评指正!

胡振中

2025 年 3 月

目 录

编程基础 ⟫⟫

一、C♯编程语言基础

1. C♯语言概述

（1）C♯语言的特点和优势

C♯是由微软开发的一种面向对象的编程语言，它是. NET 平台的核心语言之一。C♯结合了 C++的强大功能和 Java 的易用性，具有以下特点和优势：

- ➢ 面向对象：C♯是一种纯粹的面向对象编程语言，能够帮助开发者构建模块化、可重用的代码。
- ➢ 类型安全：C♯是一种强类型语言，编译器会在编译时进行类型检查，减少运行时出现错误，提高代码的鲁棒性。
- ➢ 跨平台：随着. NET Core 和. NET 5/6/7 等的推出，C♯已经不再局限于 Windows 平台，可以在 Linux、macOS 等操作系统上运行，实现了真正的跨平台开发和运行。
- ➢ 丰富的库支持：C♯拥有强大的. NET 类库支持，涵盖了从文件操作、网络编程到图形用户界面（Graphical User Interface，GUI）开发等各个方面，极大地提高了开发效率。
- ➢ 现代语言特性：C♯不断引入现代编程语言的特性，如语言集成查询（Language Integrated Query，LINQ）、异步编程（async/await）、模式匹配、记录类型等，使得代码更加简洁和高效。

（2）. NET 平台及. NET Framework 简介

. NET 是一个开发平台，提供了构建和运行各种类型应用程序所需的工具和库。它包括多个不同的技术和框架，用于支持开发 Web 应用、桌面应用、移动应用、云服务、微服务等。

. NET 有多个不同的实现版本，包括. NET Framework,. NET Core 和. NET 5 及以后的版本。. NET Framework 是. NET 平台的早期版本，主要针对 Windows 操作系统，支持 Web 应用（ASP. NET）、桌面应用（Windows Forms、WPF）、控制台应用等。它的两个核心组件是：

- ➢ 公共语言运行时（Common Language Runtime，CLR）：CLR 是. NET Framework 的执行引擎，负责管理内存、处理异常、执行代码等，提供了垃圾回收、类型安全、线程管理等功能。
- ➢ 基础类库（Base Class Library，BCL）：BCL 是. NET Framework 的核心类库，提供了大量的预定义类和方法，开发者可以直接使用这些类库来构建应用程序。

（3）C♯的集成开发环境

在本书中使用 Visual Studio 作为 C♯ 的集成开发环境(Integrated Development Environment, IDE)，它是微软推出的集成开发环境，专门用于. NET 平台的应用程序开发。它是 C♯ 开发的首选工具，提供了强大的代码编辑、调试、测试和部署功能。此外，Visual Studio Code, Mono 等也可用于 C♯ 的集成开发环境。

2. C♯程序结构

一个典型的 C♯ 程序由以下几个部分组成：

➤ 命名空间(Namespace)：命名空间用于组织和管理代码，避免命名冲突。一个命名空间可以包含多个类、接口、结构体等。使用 namespace 关键字定义命名空间。

```
namespace MyNamespace
{
    // 类、接口、结构体等定义
}
```

➤ 注释：注释用于对代码进行解释说明，在编译 C♯ 程序时编译器会忽略注释的内容。C♯ 中有单行注释和多行注释。单行注释由//符号开头，而没有结束符，并只对其所在的行有效，如上所示。多行注释以/＊开头，以＊/结尾，/＊和＊/之间的所有内容都属于注释内容，如下所示。

```
namespace MyNamespace
{
    /＊ 类、
    接口、结构体等定义 ＊/
}
```

➤ 类(Class)：类是 C♯ 程序的基本单元，用于封装数据和行为。一个类可以包含字段、属性、方法、事件等成员。使用 class 关键字定义类。

```
class MyClass
{
    // 字段、属性、方法等成员
}
```

➤ Main 方法：Main 方法是 C♯ 程序的入口点，程序从这里开始执行。Main 方法必须定义在一个类中，并且是静态的（"static"）。它可以接收命令行参数，并返回一个整数值表示程序的退出状态。

```
class Program
{
    static void Main(string[] args)
    {
        // 程序入口
    }
}
```

- 语句和表达式：C#程序由一系列的语句和表达式组成。语句是程序执行的基本单元，表达式则用于计算值。
- 命名空间可以帮助开发者组织代码，尤其是在大型项目中，命名空间的使用可以避免类名冲突。通过 using 关键字，可以在代码中引用其他命名空间中的类，而不需要每次都使用完全限定名。

```csharp
using System;
namespace MyNamespace
{
    class Program
    {
        static void Main(string[] args)
        {
            Console.WriteLine("Hello, World!");
        }
    }
}
```

3．C♯基础语法

（1）数据类型

C♯中的数据类型分为三大类：值类型、引用类型和指针类型。在 C♯中，指针类型和相关操作是被限制的，仅在不安全代码（unsafe code）中可用，因此下面仅介绍前两类。

- 值类型：直接存储数据，通常分配在栈上。

常见的值类型如表 A-1 所列。

表 A-1　常见值类型

值类型描述	类型指示符	示　　例
整型	int、long、short、byte	int number = 10;
浮点型	float、double、decimal	double pi = 3.14;
布尔型	bool，表示真（true）或假（false）	bool isTrue = true;
字符型	char，表示单个 Unicode 字符	char letter = 'A';

- 引用类型

引用类型存储的是数据的引用（内存地址），数据本身存储在堆上。常见的引用类型如表 A-2 所列。

表 A-2　常见引用类型

引用类型描述	类型指示符	示　　例
字符串	string，表示一串字符	string name = "Alice";
数组	int[]、string[] 等，表示一组相同类型的元素	int[] numbers = new int[] { 1, 2, 3 };
类	用户定义的类型	

（2）变量与常量

变量与常量的定义及示例如表 A-3 所列。

表 A-3 变量与常量的定义及示例

分 类	定 义	示 例
变量	用于存储数据,必须先声明后使用。变量的声明包括类型和名称,可以选择性地进行初始化	int age;　　　// 声明一个整型变量 age = 25;　　// 初始化变量 int score = 100;　// 声明并初始化
常量	是不可改变的值,使用 const 关键字声明。常量必须在声明时初始化	const double PI = 3.14159;

（3）运算符

C♯提供了多种运算符,用于执行各种操作。常见运算符及示例如表 A-4 所列。

表 A-4 各类运算符及示例

分 类	描 述	示 例

算术运算符	用于执行基本的数学运算,如加（＋）、减（－）、乘（＊）、除（/）、取余（％）、自增（＋＋）、自减（－－）等	int a = 10;
		int b = 3;
		int sum = a + b;　　// 13
		int remainder = a % b;　// 1
		int c = b++;　　// 3
		int d = ++b;　　// 4

关系运算符	用于比较两个值,返回布尔结果。常见的运算符包括大于（＞）、小于（＜）、等于（＝＝）、不等于（！＝）等	bool isGreater = a > b;　// true bool isEqual = a == b;　// false
逻辑运算符	用于组合多个布尔表达式,常见的运算符包括与（＆＆）、或（‖）、非（！）	bool result = (a > 5) && (b < 5); // true
赋值运算符	用于给变量赋值,常见的运算符包括简单赋值（＝）、复合赋值（＋＝、－＝、＊＝等）	int x = 10; x += 5; // x = x + 5
运算符优先级	优先级顺序从高到低为(后均省略"运算符"):括号,递增/递减和后缀,单目,乘除,加减,移位,相等,按位,逻辑,条件,赋值及逗号	int a = 5, b = 10, c = 20; int result = a + b * c; // 205

（4）控制结构

控制结构用于控制程序执行流程,常见的控制结构包括判断结构和循环结构。

① 判断结构

➢ if 语句:根据条件执行不同的代码块。

```
if (a > b)
  {
      Console.WriteLine("a is greater than b");
  }
  else if (a < b)
  {
      Console.WriteLine("a is smaller than b");
  }
else
  {
      Console.WriteLine("a is equal to b");
  }
```

➢ switch 语句：根据变量的值执行不同的代码块。

```
switch (a)
  {
      case 1:
          Console.WriteLine("a is 1");
          break;
      case 2:
          Console.WriteLine("a is 2");
          break;
      default:
          Console.WriteLine("a is neither 1 nor 2");
          break;
  }
```

② 循环结构

➢ for 循环：用于重复执行代码块，通常用于已知循环次数的情况。

```
for (int i = 0; i < 5; i++)
  {
      Console.WriteLine(i);
  }
```

➢ while 循环：当条件为真时重复执行代码块。

```
int i = 0;
  while (i < 5)
  {
      Console.WriteLine(i);
      i++;
  }
```

➢ do-while 循环：先执行代码块，然后检查条件是否为真。

```
int i = 0;
  do
  {
      Console.WriteLine(i);
      i++;
  } while (i < 5);
```

4. C# 面向对象编程

面向对象编程（Object Oriented Programming，OOP）是 C# 的核心编程范式之一。它通过类、对象、继承、多态等概念，帮助开发者构建模块化、可重用和易于维护的代码。本节将详细介绍 C# 中的面向对象编程特性。

（1）类和对象

类是面向对象编程的基本单元，用于封装数据和行为。类可以包含字段、属性、方法、事件等成员。

```
public class Person
  {
      // 字段(成员变量)
      private string name;
      // 属性(用于封装字段)
      public string Name
      {
          get { return name; }
          set { name = value; }
      }
      // 方法
      public void SayHello()
      {
          Console.WriteLine( $ "Hello, my name is {name}.");
      }
  }
```

对象是类的实例,通过 new 关键字创建。对象可以访问类的成员(字段、属性、方法等)。

```
Person person = new Person();
person.Name = "Alice";
person.SayHello(); // 输出:Hello, my name is Alice.
```

(2) 构造函数与析构函数

构造函数用于初始化对象。它的名称必须与类名相同,且没有返回类型。构造函数可以重载,以支持不同的初始化方式。

```
public class Person
  {
      public string Name { get; set; }
      // 默认构造函数
      public Person()
      {
          Name = "Unknown";
      }
      // 带参数的构造函数
      public Person(string name)
      {
          Name = name;
      }
  }
// 使用构造函数创建对象
Person person1 = new Person();              // 使用默认构造函数
Person person2 = new Person("Bob");         // 使用带参数的构造函数
```

析构函数用于在对象销毁时执行清理操作。它的名称与类名相同，前面加上 ～ 符号。析构函数不能手动调用，由垃圾回收器自动调用。

```csharp
public class Person
  {
      // 析构函数
      ~Person()
      {
          Console.WriteLine("Person object is being destroyed.");
      }
  }
```

（3）继承

继承是面向对象编程的重要特性，允许一个类（派生类）继承另一个类（基类）的成员。通过继承，可以实现代码的重用和扩展。使用：符号表示继承关系。

```csharp
// 基类
  public class Animal
  {
      public string Name { get; set; }
      public void Eat()
      {
          Console.WriteLine( $ "{Name} is eating.");
      }
  }
  // 派生类
  public class Dog : Animal
  {
      public void Bark()
      {
          Console.WriteLine( $ "{Name} is barking.");
      }
  }
  // 使用派生类
  Dog dog = new Dog();
  dog.Name = "Buddy";
  dog.Eat();          // 输出：Buddy is eating.
  dog.Bark();         // 输出：Buddy is barking.
```

（4）多态

多态是指同一个方法在不同对象中有不同的实现方式。C♯通过方法重载和方法覆盖实现多态。

方法重载是指在同一个类中定义多个同名方法，但参数列表不同。

```csharp
public class Calculator
  {
      public int Add( int a, int b)
```

```
        {
            return a + b;
        }
        public double Add(double a, double b)
        {
            return a + b;
        }
    }
    // 使用方法重载
    Calculator calc = new Calculator();
    int result1 = calc.Add(1, 2);          // 调用 int 版本的Add 方法
    double result2 = calc.Add(1.5, 2.5);   // 调用 double 版本的Add 方法
```

基类中的方法可以声明为 virtual,派生类可通过 override 关键字重写该方法,以实现方法覆盖。

```
public class Animal
    {
        public virtual void MakeSound()
        {
            Console.WriteLine("Animal is making a sound.");
        }
    }
    public class Dog : Animal
    {
        public override void MakeSound()
        {
            Console.WriteLine("Dog is barking.");
        }
    }
    // 使用方法覆盖
    Animal animal = new Dog();
    animal.MakeSound();                    // 输出:Dog is barking.
```

(5)接口和抽象类

接口 interface 定义了一组方法的契约,但不提供实现。类可以实现多个接口,从而实现多重继承的效果。

```
public interface IShape
    {
        double CalculateArea();
    }
    public class Circle : IShape
    {
        public double Radius { get; set; }
        public double CalculateArea()
        {
            return Math.PI * Radius * Radius;
```

```
    }
}
// 使用接口
IShape shape = new Circle { Radius = 5 };
double area = shape.CalculateArea();              // 计算圆的面积
```

抽象类是不能被实例化的类,通常用于定义基类。它可以包含抽象方法(没有实现的方法)和具体方法(有实现的方法)。

```
public abstract class Shape
    {
        public abstract double CalculateArea();
        public void DisplayArea()
        {
            Console.WriteLine( $ "Area: {CalculateArea()}");
        }
    }
public class Circle : Shape
    {
        public double Radius { get; set; }
        public override double CalculateArea()
        {
            return Math.PI * Radius * Radius;
        }
    }
// 使用抽象类
Shape shape = new Circle { Radius = 5 };
shape.DisplayArea(); // 输出:Area: 78.53981633974483
```

(6) 封装

封装是面向对象编程的核心概念之一,通过访问修饰符(如 public、private、protected)控制类成员的可见性,从而保护数据的安全性。

➢ public:成员可以在任何地方访问。

➢ private:成员只能在类内部访问。

➢ protected:成员可以在类内部和派生类中访问。

```
public class BankAccount
    {
        private double balance;
        public void Deposit(double amount)
        {
            if (amount > 0)
            {
                balance += amount;
            }
        }
        public double GetBalance()
```

```
    {
        return balance;
    }
}
// 使用封装
BankAccount account = new BankAccount();
account.Deposit(100);
double balance = account.GetBalance();              // 获取余额
```

5. 异常处理

异常处理是编程中非常重要的一部分,尤其在数值计算中,异常情况,如除零错误、数组越界等可能会导致程序崩溃或产生错误的结果。C♯提供了强大的异常处理机制,帮助开发者捕获和处理运行时的错误,确保程序的健壮性和稳定性。

（1）异常的概念和处理机制

异常是指在程序执行过程中发生的意外情况,通常是由于错误的输入、资源不足、逻辑错误等原因引起的。C♯中的异常是 System.Exception 类或其派生类的实例。常用的内置异常类型包括 DivideByZeroException(除零异常),IndexOutOfRangeException(数组或集合索引超出有效范围),ArgumentException(自变量异常),TimeoutException(超时异常)等。

C♯使用 try-catch-finally 语句块来处理异常。当 try 块中的代码抛出异常时,程序会跳转到 catch 块执行异常处理代码。无论是否发生异常,finally 块中的代码都会执行,通常用于释放资源。

```
try
{
    // 可能抛出异常的代码
    int result = 10 / 0;                    // 除零错误
}
catch (DivideByZeroException ex)
{
    // 捕获并处理异常
    Console.WriteLine("Error: " + ex.Message);
}
finally
{
    // 无论是否发生异常,都会执行的代码
    Console.WriteLine("Finally block executed.");
}
```

（2）自定义异常

除了使用内置的异常类型,C♯还允许开发者定义自己的异常类。自定义异常类通常继承自 System.Exception 类,并可以根据需要添加额外的属性和方法。

```
public void CheckNumber(int number)
{
```

```
        if (number < 0)
        {
            throw new NegativeNumberException("Number cannot be negative.");
        }
    }
    try
    {
        CheckNumber( - 5);
    }
    catch (NegativeNumberException ex)
    {
        Console.WriteLine("Error: " + ex.Message);
    }
```

（3）异常处理的技巧

➤ 捕获特定异常：尽量捕获特定的异常类型，而不是使用通用的 Exception 类型。这样可以更精确地处理不同类型的异常。

➤ 避免空的 catch 块：空的 catch 块会隐藏错误，导致调试困难。即使不需要处理异常，也应该记录异常信息。

➤ 使用 finally 块释放资源：确保在 finally 块中释放资源（如文件、数据库连接等），以避免资源泄露。

➤ 避免过度使用异常：异常处理应该用于处理真正的异常情况，而不是用于控制程序流程。频繁抛出异常会影响程序性能。

二、Visual Studio 开发环境

1. IDE 简介

Visual Studio 是微软推出的一款功能强大的集成开发环境（IDE），广泛用于 C♯、C++、Python、JavaScript 等多种编程语言的开发。它为开发者提供了丰富的工具和功能，帮助提高开发效率。

（1）项目与解决方案的概念

项目（Project）是 Visual Studio 中的基本开发单元，通常对应一个可执行文件（如控制台应用程序、Windows 窗体应用程序）或一个库文件（如类库）。每个项目包含源代码文件、资源文件、配置文件等。其中控制台应用程序用于开发命令行程序，类库用于开发可重用的代码库，Web 应用程序用于开发 ASP. NET 或 ASP. NET Core 应用程序。

解决方案（Solution）是项目的容器，一个解决方案可以包含多个项目。解决方案文件（. sln）用于管理项目之间的依赖关系和生成配置。多项目解决方案适用于大型应用程序，可以将不同的功能模块拆分为多个项目。解决方案可以管理项目之间的引用关系，确保项目按正确的顺序生成。

（2）代码编辑器

Visual Studio 的代码编辑器是开发者的核心工具，提供了丰富的功能帮助人们编写高质量的代码。

① 代码高亮：编辑器会根据语法规则对代码进行高亮显示，使代码更易读。

② 智能提示(IntelliSense)：在输入代码时，编辑器会自动显示类、方法、属性的提示信息，帮助开发者快速完成代码。

```
Console.WriteLine("Hello, World!"); // 输入 "Con" 时，编辑器会提示 Console 类
```

③ 代码导航

➤ 转到定义：通过右键单击类或方法，选择"转到定义"可以快速跳转到其定义处(参见图 A-1)。

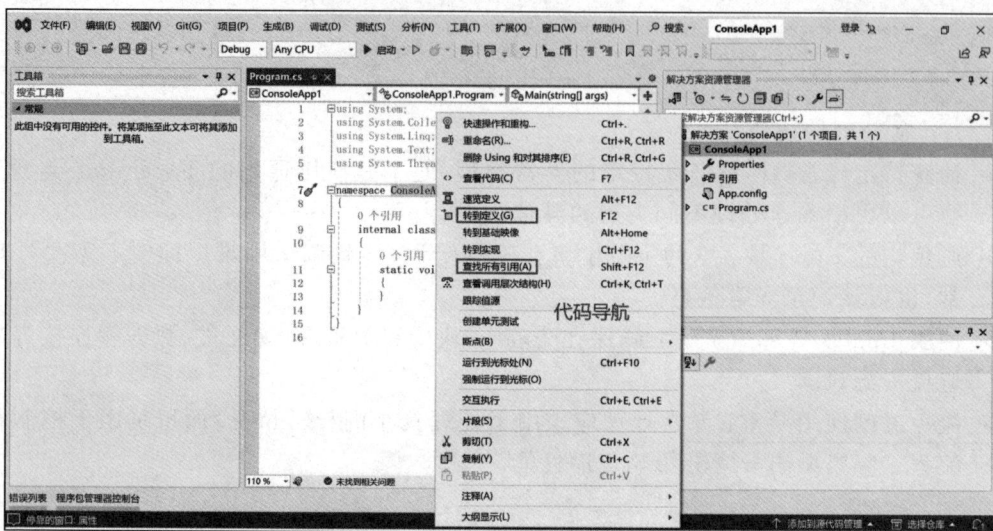

图 A-1　代码导航

➤ 查找引用：可以查找某个类或方法在项目中的所有引用。

④ 代码重构

➤ 重命名：可以安全地重命名变量、方法、类等，所有引用都会自动更新。

➤ 提取方法：将选中的代码块提取为一个新的方法，提高代码的可读性和可维护性。

(3) 调试器

调试器是 Visual Studio 的核心功能之一，帮助开发者查找和修复代码中的错误，可以通过设置断点，单步执行及监视窗口进行调试。具体方法参见后面的"调试(Debug)流程"。

(4) 工具箱功能

工具箱是 Visual Studio 中的一个重要面板，提供了丰富的控件和工具，特别适用于图形用户界面(GUI)开发，可以使用快捷键 Ctrl＋Alt＋X 打开。

① 控件工具箱

➤ Windows 窗体控件：如按钮(Button)、文本框(TextBox)、标签(Label)、图片框(PictureBox)等。

➤ WPF 控件：如网格(Grid)、列表框(ListBox)、数据网格(DataGrid)等。

② 数据工具

➤ 数据源窗口：用于管理数据库连接和数据绑定。

➢ 实体数据模型：用于生成实体类和数据库上下文，支持 Entity Framework。

（5）常用快捷键与界面

常用快捷键及界面布局如表 A-5、表 A-6 所列，界面的具体分布参见图 A-2。

表 A-5　常用快捷键

键及其组合	功　　能	键及其组合	功　　能
F5	启动调试	F11	逐语句执行
Ctrl＋F5	启动但不调试	Ctrl＋K,Ctrl＋C	注释选中的代码
F9	设置或取消断点	Ctrl＋K,Ctrl＋U	取消注释选中的代码
F10	逐过程执行		

表 A-6　界面布局

解决方案资源管理器	显示解决方案中的项目和文件
属性窗口	显示当前选中控件或文件的属性，并支持编辑
输出窗口	显示编译、调试和生成过程中的输出信息
错误列表	显示代码中的错误和警告信息

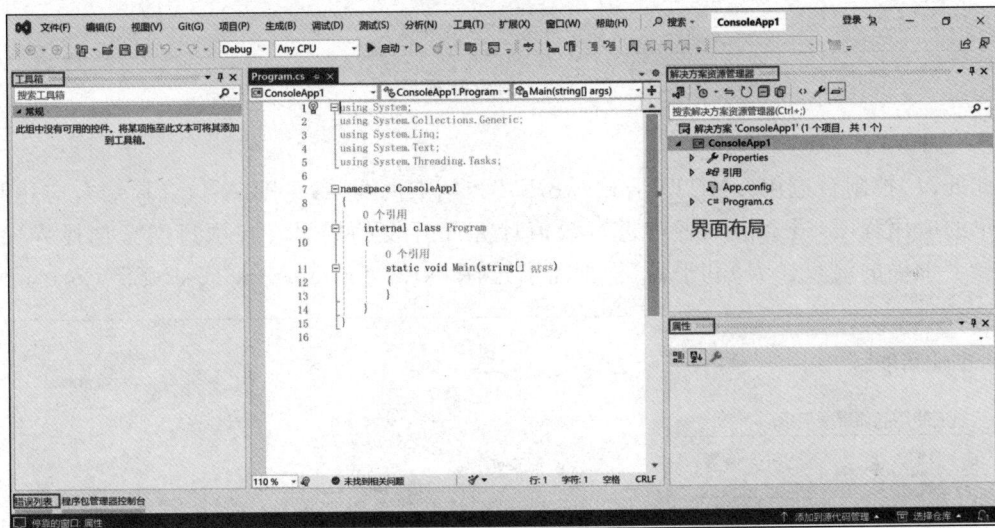

图 A-2　界面的具体布局

2. 项目创建与管理

在 Visual Studio 中创建和管理项目是开发过程中的基础步骤。本节将详细介绍如何创建项目、管理项目引用以及进行项目的生成与调试。

（1）项目创建

① 打开 Visual Studio

启动 Visual Studio 应用程序，进入主界面。如果尚未登录，可以选择登录以同步设置，也可以直接进入开发环境。

② 创建新项目

在 Visual Studio 的欢迎界面，单击"创建新项目（N）"按钮，参见图 A-3，将打开项目创建向导。

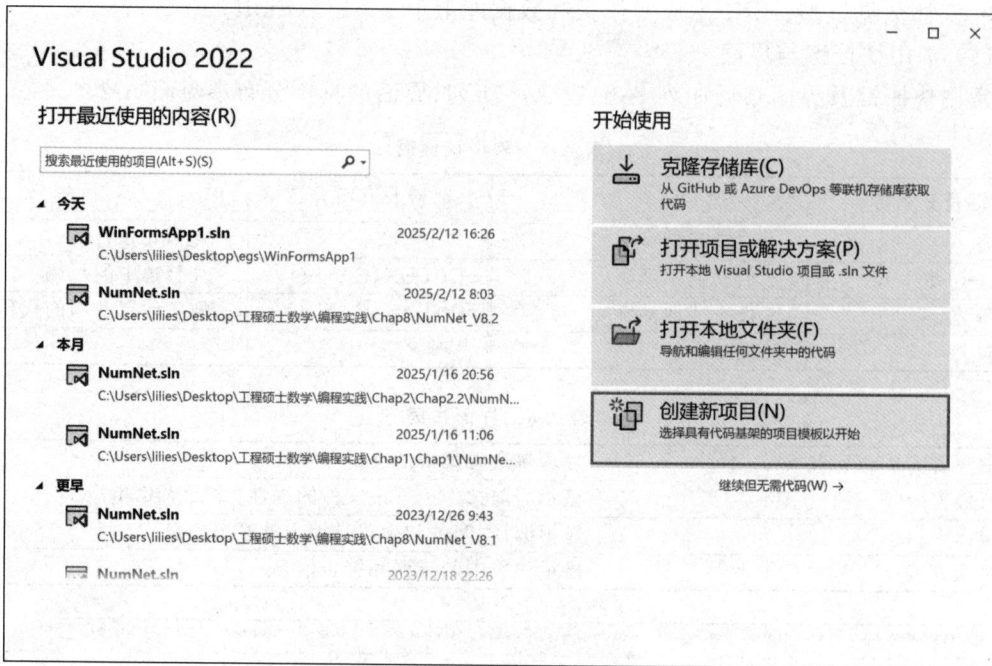

图 A-3　创建新项目

③ 选择项目类型

此处以"控制台应用(.NET Framework)"为例来说明(参见图 A-4)。控制台应用是一种简单的应用程序,适合初学者和进行数值计算库开发的场景。在项目类型选择界面,确保选择了正确的语言(C♯)和平台(根据需求选择.NET Framework 或 .NET Core 等)。

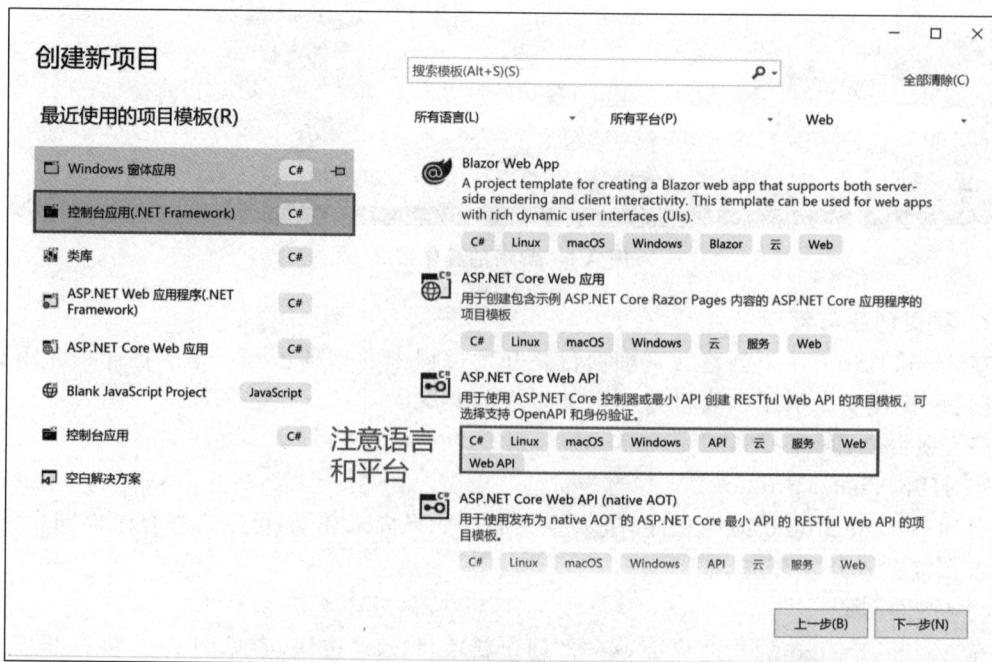

图 A-4　选择项目类型

④ 配置项目

在项目配置界面,输入项目名称,选择项目保存位置。可以为项目指定一个清晰的名称,方便后续管理和识别。同时,确保项目位置路径适合存储开发文件,如图 A-5 所示。

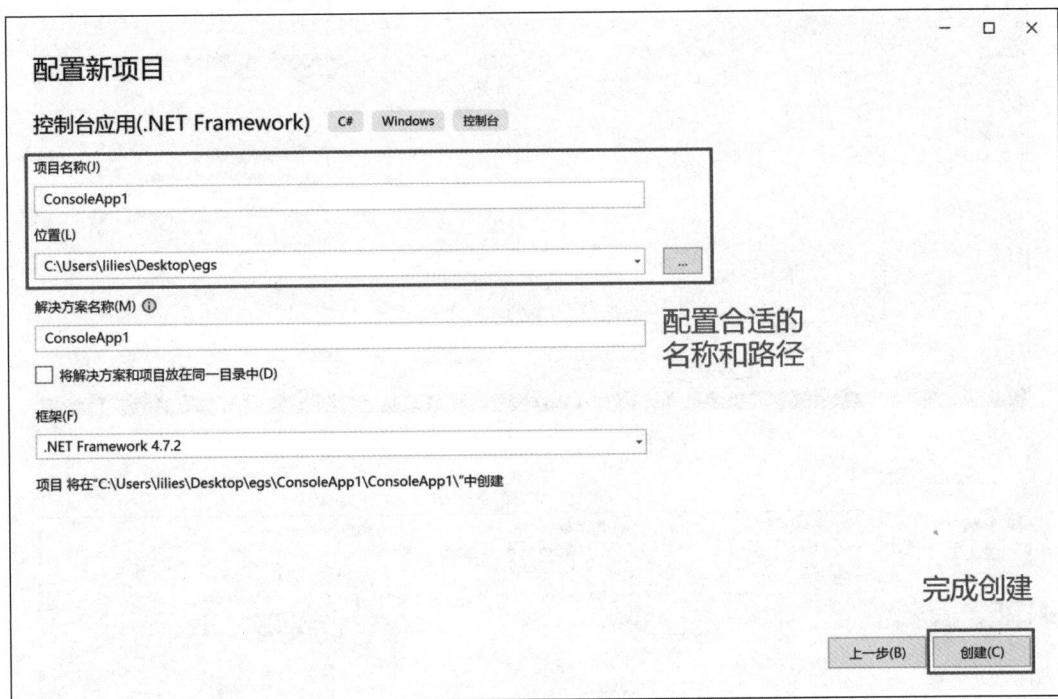

图 A-5　配置新项目

⑤ 完成项目创建

单击"创建"按钮,Visual Studio 将创建一个新的控制台应用项目。此时项目文件夹将被创建,并生成默认的项目文件,包括 Program.cs 文件。Program.cs 是控制台应用的入口文件,其中包含 Main 方法,程序从此开始执行。

(2) 引用管理

① 添加项目引用

在开发数值计算库时,可能需要引用其他项目或类库。例如,如果需要使用数学函数库或绘图工具,可以通过添加引用实现。在解决方案资源管理器中,右键单击项目的"引用"节点,选择"添加引用(R)..."。在弹出的对话框中,可以选择其他项目或系统类库进行引用,如图 A-6 所示。

② NuGet 的概念和作用

NuGet 是一个.NET 包管理器,它允许开发者轻松地添加、更新和管理第三方库。通过 NuGet,可以快速获取和使用各种开源库,例如用于数值计算的 MathNet.Numerics。

③ 使用 NuGet 安装和管理第三方库

打开 NuGet 包管理器:在解决方案资源管理器中,单击右键项目,选择"管理 NuGet 程序包(N)...",如图 A-7 所示。

在 NuGet 包管理器中,选择"浏览"选项卡,搜索需要的库(如 MathNet.Numerics)。选

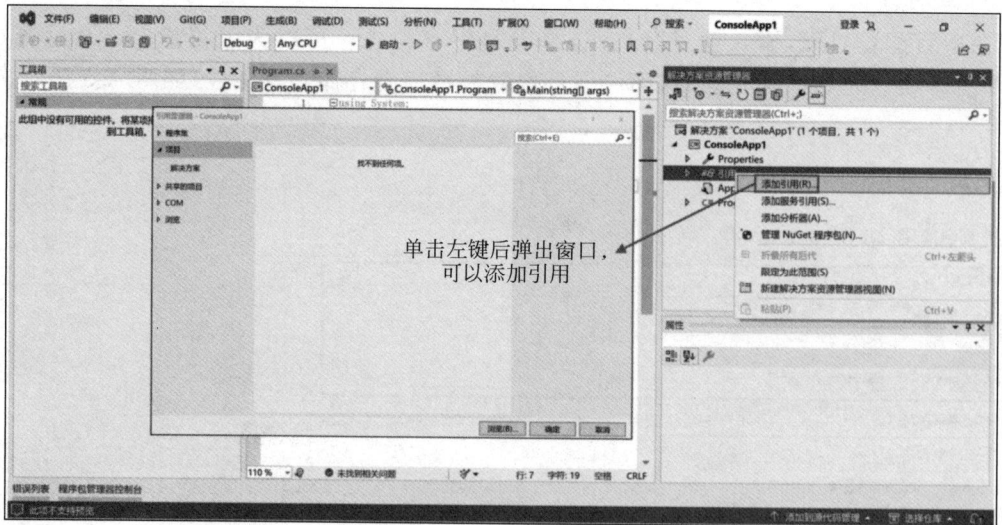

图 A-6　添加项目引用

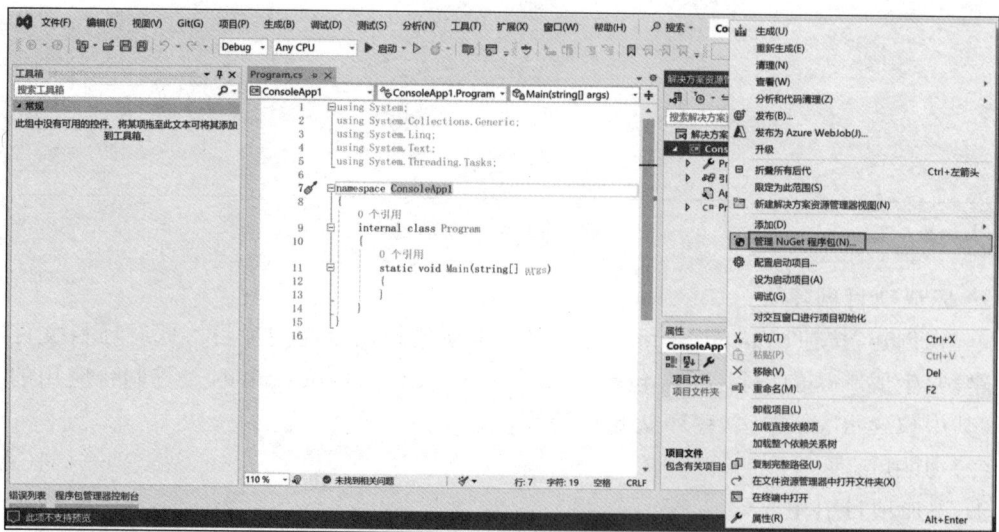

图 A-7　NuGet 包管理

择合适的版本，单击"安装"按钮进行安装。安装完成后，该库将自动添加到项目的引用中，参见图 A-8。

（3）生成（Build）流程

生成项目是将源代码编译成可执行文件或程序集的过程。在 Visual Studio 中，可以通过以下方式生成项目：

① 菜单栏生成

单击"生成"菜单，选择"生成解决方案"或"生成项目"。

② 快捷键生成

使用快捷键 Ctrl＋Shift＋B 生成解决方案。

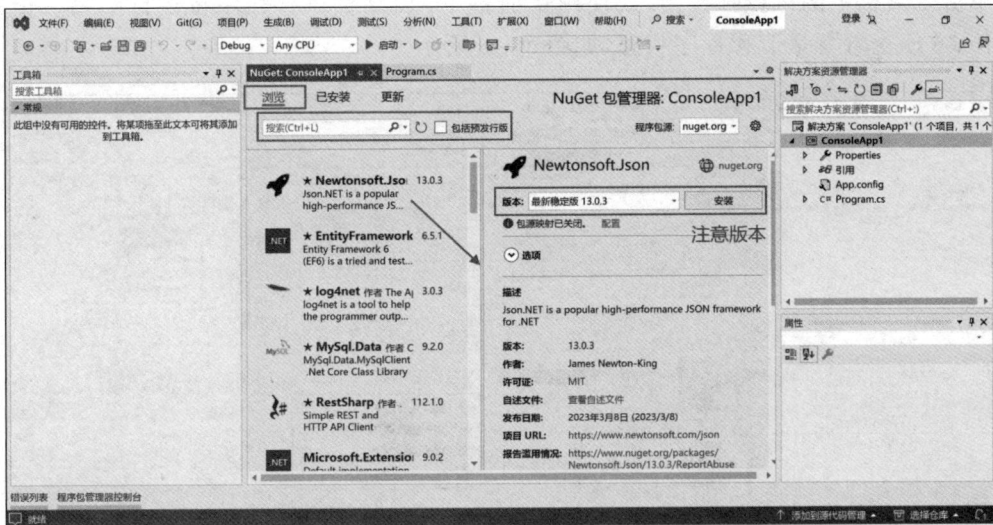

图 A-8　安装第三方库

③ 生成配置

在生成之前,可以通过"生成"菜单中的"配置管理器(O)…"选择生成配置(如调试模式或发布模式)。调试模式会生成易于调试的代码,而发布模式会生成优化后的代码,如图 A-9 所示。

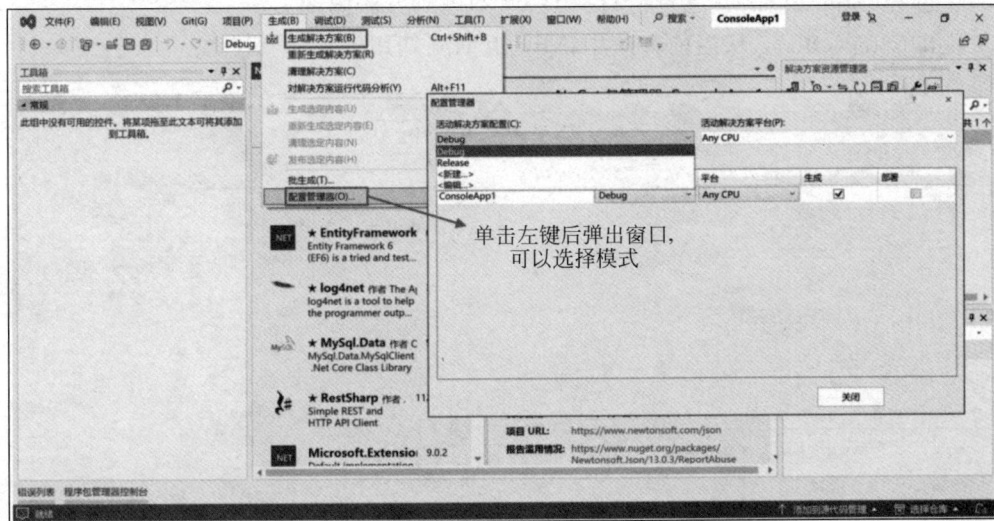

图 A-9　生成项目

(4) 调试(Debug)流程

调试是开发过程中不可或缺的环节,用于查找和修复代码中的错误。Visual Studio 提供了强大的调试工具,帮助开发者快速定位问题。

① 设置断点

➤ 普通断点:在代码行的左侧单击可以设置断点,程序运行到断点时会暂停。

➤ 条件断点:可以设置断点的触发条件,例如当某个变量的值满足特定条件时触发。

单击工具栏上的"启动"按钮，或使用快捷键 F5 启动调试。程序将运行到第一个断点处暂停，方便查看变量值和程序状态，如图 A-10 所示。

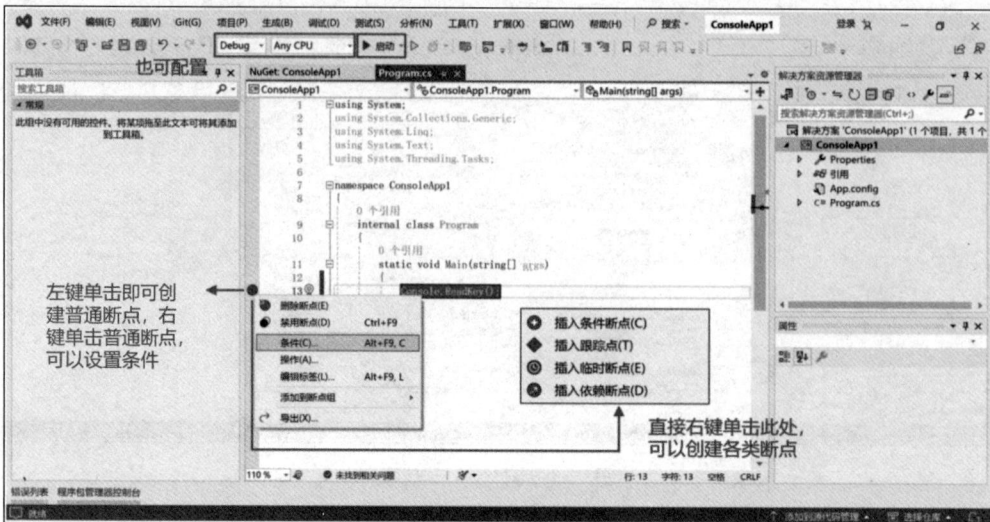

图 A-10　断点调试

② 单步执行（如图 A-11 所示）

➢ 逐语句（Step Into）：逐行执行代码，进入方法内部。

➢ 逐过程（Step Over）：逐行执行代码，但不进入方法内部。

➢ 跳出（Step Out）：从当前方法中跳出，返回到调用处。

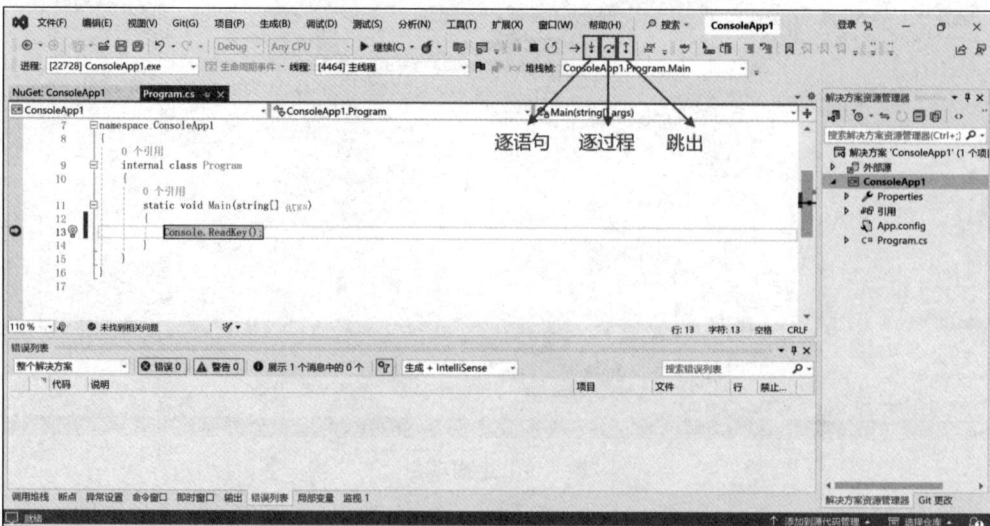

图 A-11　项目执行

③ 查看变量值（如图 A-12 所示）

➢ 局部变量：在调试过程中，可以将鼠标指针悬停在变量上，显示当前作用域内的变量及其值。

➢ 监视窗口：也可以使用"局部变量"窗口，手动添加变量或表达式，实时监视其值的变化。

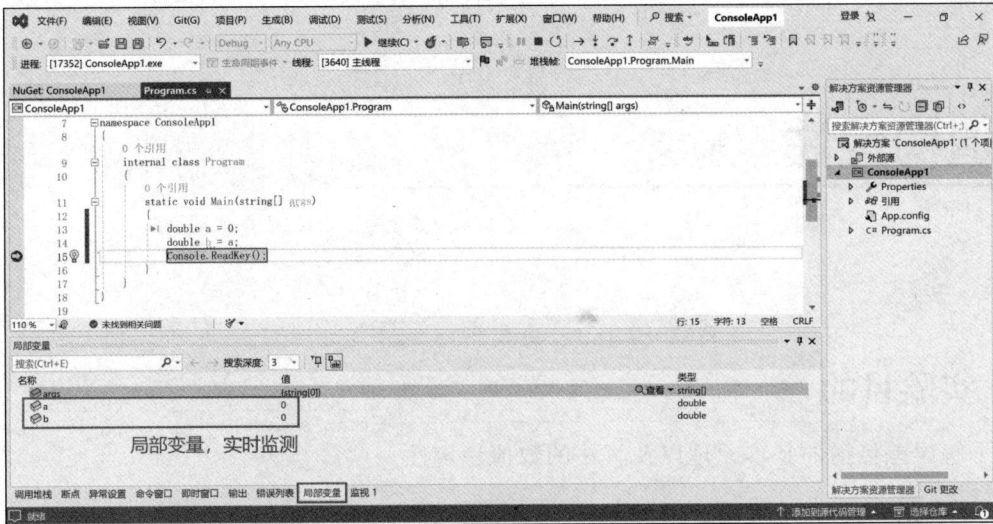

图 A-12　变量值查看

实验一

数值稳定性

一、实验目的

了解误差传播的基本原理以及算法的数值稳定性。

二、实验原理

1. 误差

（1）误差的定义

误差通常定义为真实值与近似值之间的差异。对于数值计算问题，误差可以分为绝对误差和相对误差。绝对误差的公式是：$\Delta X = |X_{测量值} - X_{真实值}|$，相对误差的公式是：

$$E_{相对误差} = \frac{\Delta X}{X_{测量值}} \times 100\%。$$

（2）误差来源

误差主要来源于以下几个方面：

➤ 模型误差：数学模型与实际问题之间的差异。

➤ 截断误差：由于算法中使用了近似公式（如取 Taylor 展开有限项）而产生的误差。

➤ 舍入误差：计算机浮点数表示精度有限导致的计算误差。

（3）误差传播

误差的传播是指在数学运算过程中，由于参与计算的源数据本身有误差，导致变换后的结果数据也产生误差。误差可能由于运算本身被放大，或因为多个参与运算的源数据的误差叠加，导致更大的误差。

2. 数值稳定

同一个数学问题的不同算法对初始误差的传播是不同的。不考虑模型误差、截断误差和舍入误差，仅分析初始误差对算法计算结果的影响，即分析算法的稳定性。在运算过程中舍入误差能控制在某个范围内的算法称为数值稳定的算法，否则就称为不稳定的算法。

3. 积分算法原理

为计算积分 $I_n = e^{-1} \int_0^1 x^n e^x \, dx$，可以使用分部积分公式进行推导：

$$I_n = e^{-1} \int_0^1 x^n e^x \, dx = e^{-1} \left\{ x^n e^x \Big|_0^1 - \int_0^1 n x^{n-1} e^x \, dx \right\} = 1 - n I_{n-1}$$

因此，递推公式为

$$I_n = 1 - n I_{n-1}$$

或等价形式

$$I_{n-1} = (1 - I_n)/n$$

另一种计算积分的方法是通过 Taylor 展开 e^x 并逐项积分，对于指数函数 e^x，其在 $x=0$ 处的 Taylor 展开式为

$$e^x = \sum_{k=0}^{\infty} \frac{x^k}{k!}$$

并将其代入积分表达式

$$I_n = e^{-1} \int_0^1 x^n e^x \, dx = e^{-1} \int_0^1 x^n \sum_{k=0}^{\infty} \frac{x^k}{k!} \, dx$$

由于 Taylor 级数在积分区间内一致收敛，可以交换求和与积分的顺序，故

$$I_n = e^{-1} \sum_{k=0}^{\infty} \frac{1}{k!} \int_0^1 x^{n+k} \, dx$$

积分 $\int_0^1 x^{n+k} \, dx$ 是一个简单的幂函数积分，其结果为

$$\int_0^1 x^{n+k} \, dx = \frac{x^{n+k+1}}{n+k+1} \Big|_0^1 = \frac{1}{n+k+1}$$

因此，积分 I_n 可以表示为

$$I_n = e^{-1} \sum_0^{\infty} \frac{1}{k!(n+k+1)}$$

三、实验内容

1. 两种算法积分计算与比较

针对积分 $I_n = e^{-1} \int_0^1 x^n e^x \, dx$ 的求解，分别使用两种不同的递推算法进行计算，并比较其计算结果的误差大小。

2. 误差传播分析

通过实验观察误差在递推过程中的传播情况，分析不同算法对误差的放大或缩小效应。

3. 基于数值积分的比较验证

使用数值积分方法计算积分的精确值，并与两种递推算法的结果进行比较，验证算法的准确性。

四、实验步骤

1. 创建 ErrorPropagation 类

新建 Test 文件夹，创建 ErrorPropagation 类，如图 1-1 所示。

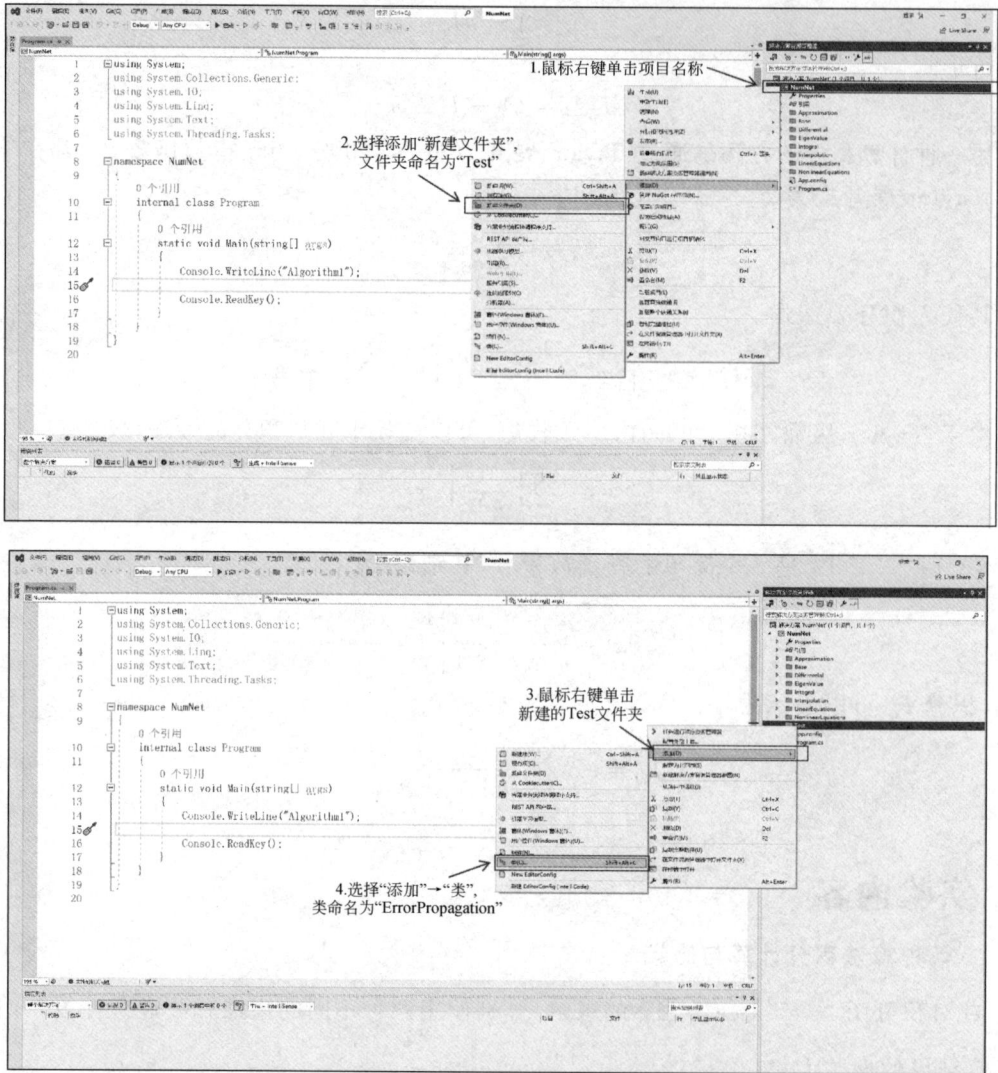

图 1-1 界面操作示意图

2. 修改 ErrorPropagation 类

移除命名空间 namespace NumNet. Test 后面的. Test，并在 class ErrorPropagation 前添加 public 修饰符，便于访问。

3. 实现算法 1（递推公式 1）

在 ErrorPropagation 的类体中添加 Algorithm1 方法。根据前述递推公式 $I_n = 1 - nI_{n-1}$，可使用 for 循环来实现该递推公式。调用 Console. WriteLine 方法，可以帮助检查每一步循环结果是否有误。

```
for (int i = 1; i < 10; i++) {
    INext = 1 - i * INext;              // INext 初值为 0.6321
    Console.WriteLine("I" + i + ":" + INext); }
```

4. 调用 Algorithm1 并运行

在 Program 类（Program.cs 文件）的 Main 函数中调用 Algorithm1，输出运算结果如图 1-2 所示。

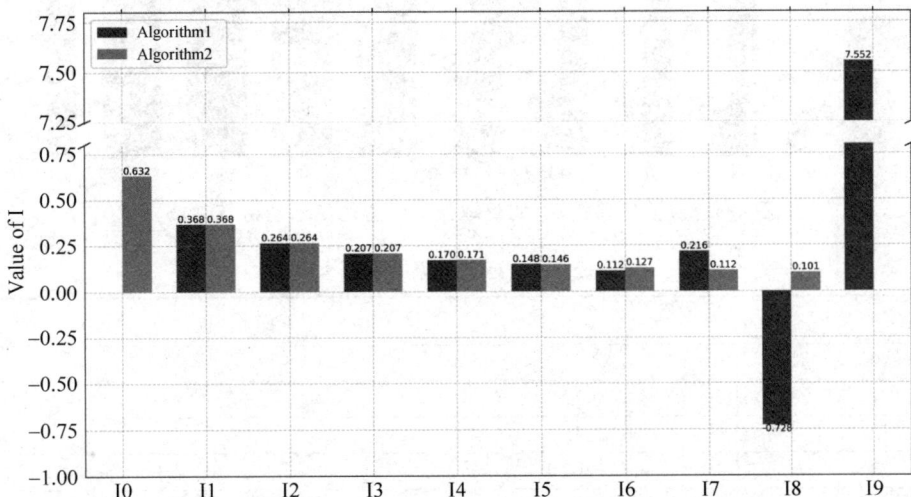

图 1-2　Algorithm1 和 Algorithm2 运行结果对比

5. 实现算法 2（递推公式 2）并运行

参考以上步骤 3 和步骤 4，添加 Algorithm2。

```
for (int i = 8; i >= 0; i --) {
    INext = (1 - INext) / (i + 1); // INext 初值为 0.0916
    Console.WriteLine("I" + i + ":" + INext);
}
```

在 Program 类（Program.cs 文件）的 Main 函数中调用 Algorithm2，输出运算结果如图 1-2 所示。从图中对比可见，Algorithm1 在迭代过程中存在发散的倾向。

6. 误差传播研究

在初值中添加初始误差，此处设为 0.001，观察两种算法的误差传播情况。需注意 Algorithm1 和 Algorithm2 在误差传播方向上有差异，Algorithm1 为从起始值开始逐步向后递推，Algorithm2 为向前递推。输出结果见图 1-3，可见 Algorithm2 的数值稳定性更强。

7. 数值积分比较验证

在 ErrorPropagation 的类体中添加 Integration 方法：使用 for 循环，基于积分算法原理一节中使用 Taylor 展开导出的公式进行数值积分计算。调用该方法并运行程序。

计算及比较结果如表 1-1 所列，可见 Algorithm2 计算更准确。

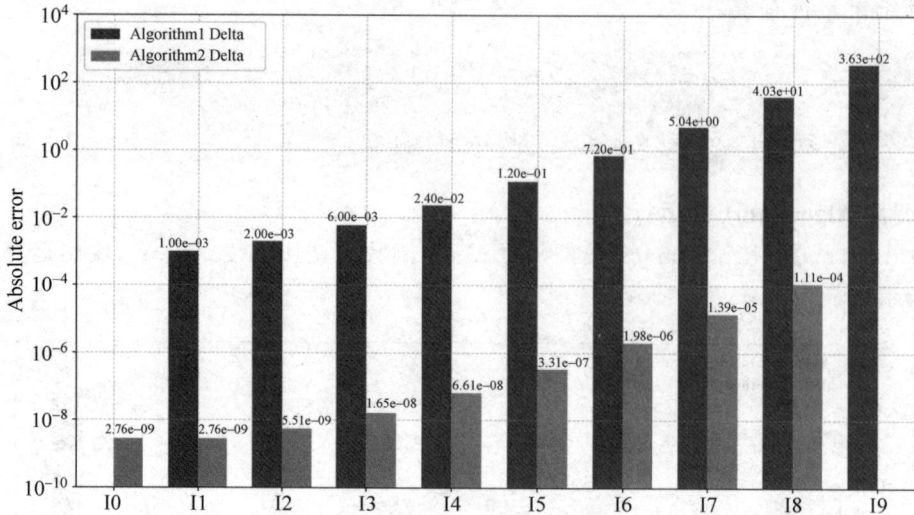

图 1-3 误差传播情况（此处取绝对误差的绝对值进行观察）

表 1-1 运行结果对比表

n	I_n	Algorithm1 误差	Algorithm2 误差
0	0.6321	0	0
1	0.3679	0	0.0001
2	0.2642	0	0
3	0.2073	0.0001	0
4	0.1709	0.0005	0
5	0.1455	0.0025	0
6	0.1268	0.0148	0
7	0.1124	0.1036	0
8	0.1009	0.6271	0
9	0.0916	7.4604	0

五、实验总结

由上述实验可知，在同一问题的求解中，使用不同算法计算得到的结果误差大小不同，算法的数值稳定性也存在明显差异。因此在实际计算中需谨慎选择算法，有时或需要对比不同算法性能，择优使用。除此以外，在递推过程中，也需要注意初值的设置，避免因初值不当导致误差放大。

课后习题

改变上述 Algorithm1、Algorithm2 中初始误差项的大小，观察误差传播情况。

实验二

线性方程组的直接解法——Gauss消去法

一、实验目的

了解 Gauss(高斯)消去法的基本原理。

二、实验原理

1. Gauss 消去法

(1) Gauss 消去法的定义

Gauss 消去法是一种用于求解线性方程组的直接方法,通过将系数矩阵转化为上三角矩阵(前向消元),再通过回代逐步求得未知数的值。它是解线性方程组最经典、最基础的算法之一。

(2) 求解步骤

Gauss 消去法分为两个核心阶段:前向消元和回代。

① 前向消元:将增广矩阵(系数矩阵和常数项合并后的矩阵)通过行变换转化为上三角矩阵;

② 回代:从最后一行开始,自底向上求解未知数。

(3) 优缺点

优点:可直接求解,无需迭代,能通过有限步数得到理论精确解;通用性强,适用于任意非奇异(可逆)的方阵。

缺点:计算复杂度高,存储需求大,需存储整个系数矩阵,对稀疏矩阵不友好;存在数值稳定性问题,例如主元绝对值很小时,可能导致除以零或放大舍入误差。

2. Vector 类使用指南

(1) 构造向量

我们将实验中用到的构造向量的命令语句及其对应的功能列成表 2-1。

(2) 向量的基本运算

我们将实验中用到的向量基本运算的命令语句及其对应的功能列成表 2-2。

表 2-1　构造向量的命令语句及其对应功能

实　现　功　能	命　令　语　句
构造一个空向量	Vector v = new Vector();
构造指定长度的向量,其中第一个参数指定长度,第二个参数默认值为 false,构造零向量;其为 true 时,构造元素均为 1 的向量	v = new Vector(2);　　　　// v = [0,0]^T v = new Vector(2,true);　// v = [1,1]^T
构造一个元素为 1,2,3 的向量	v = new Vector(1,2,3); v = new Vector(new double[] { 1,2,3 });

表 2-2　向量基本运算的命令语句及其对应功能

实　现　功　能	命　令　语　句
向量的元素个数	int length = v.Length;
对向量元素赋值	v[0] = 10;
向量的加法	Vector v3 = v + v2;
向量的减法	v3 = v − v2;
向量的数乘	v3 = 1.2 * v;
向量的除法	v3 = v/3;
执行对应元素的乘法	v3 = v.Multiply(v2);
执行对应元素的除法	v3 = v.Divide(v2);
向量内积	double dot = v * v2;
向量各元素是否均相等	v.Equals(v2);
是否为零向量	v.IsZero();

（3）向量的拷贝

我们将实验中用到的向量拷贝的命令语句及其对应的功能列成表 2-3。

表 2-3　向量拷贝的命令语句及其对应功能

实　现　功　能	命　令　语　句
拷贝向量到一个新对象	v3 = v.Copy();
将 v 的全部内容拷贝到 v4,从 v4 的索引位置 1 开始	var v4 = new Vector(4); v.CopyTo(v4,1);
向量拼接	v4 = v.Concat(v2);
提取子向量	v4 = v.SubVector(0,2);

3. Matrix 类使用指南

（1）构造矩阵

我们将实验中用到的构造矩阵的命令及其对应的功能列成表 2-4。

表 2-4　构造矩阵的命令语句及其对应功能

功　能　实　现	命　令　语　句
构造一个空矩阵	Matrix m = new Matrix();
构造一个 3 行 4 列的零矩阵	m = new Matrix(3,4);
构造一个 3 行 4 列,元素均为 1 的矩阵	m = new Matrix(3,4,true);

续表

功 能 实 现	命 令 语 句

构造一个 3 行 4 列的自定义矩阵	`m = new Matrix(new double[,] {`
	`    { 1,2,3,4 },{ 5,6,7,8 },`
	`    { 9,10,11,12 } });`
	`m = new Matrix(new Vector(1,2,3,`
	`    4),new Vector(5,6,7,8),`
	`    new Vector(9,10,11,12));`

生成一个 4×4 的单位矩阵	`Matrix m2 = Matrix.Identity(4);`

（2）对矩阵某行、某列的操作

我们将实验中用到的矩阵行列操作的命令语句及其对应的功能列成表 2-5。

表 2-5 矩阵行列操作的命令语句及其对应功能

功 能 实 现	命 令 语 句
矩阵的行、列数	`int r = m.RowCount,c = m.ColumnCount;`
对矩阵的某个元素赋值	`m[1,2] = -1;`
对矩阵的某行操作	`Vector v = m.GetRow(0);` `m.SetRow(0,new Vector(4,true));`
对矩阵的某列操作	`v = m.GetColumn(1);` `m.SetColumn(1,new Vector(3,true) * 4);`

（3）矩阵的运算

我们将实验中用到的矩阵运算的命令语句及其对应的功能列成表 2-6。

表 2-6 矩阵运算的命令语句及其对应功能

功 能 实 现	命 令 语 句
矩阵的正、负	`Matrix m3 = + m;` `m3 = - m;`
矩阵的加法	`m3 = m + m3;`
矩阵的减法	`m3 = m - m3;`
矩阵的数乘	`m3 = 1.2 * m;`
矩阵的除法	`m3 = m/3;`

三、实验内容

1. 数学库（矩阵、向量）的建立

了解矩阵和向量的定义与构造方法，学习使用矩阵和向量类进行运算。

2. 用 Gauss 消去法求解线性方程组

理解 Gauss 消去法的原理，学习算法设计，使用 Gauss 消去法求解。

四、实验步骤

1. 添加向量、矩阵基本库

新建 Base 文件夹；在 Base 文件夹中添加"现有项",选择压缩包内的 Vector.cs 和 Matrix.cs 文件,如图 2-1 所示。

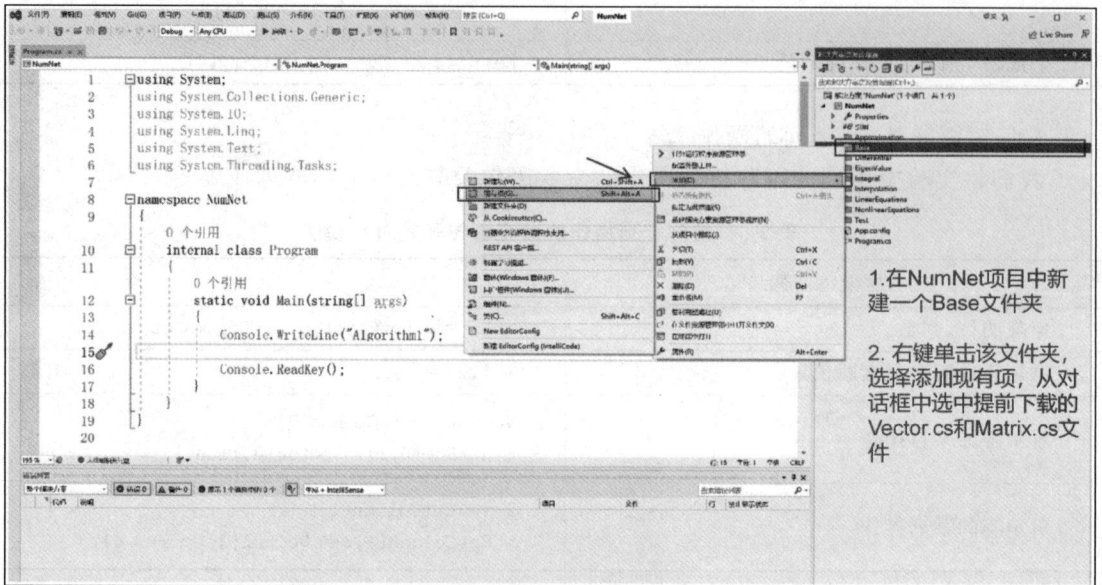

图 2-1　界面操作示意图

2. 实现列主元 Gauss 消去法

添加 LinearEquations 文件夹,在其中新建 GaussElimination 类。

在 GaussElimination 类中定义 ToUpper 方法,将矩阵转化为上三角矩阵。

```
public static Matrix ToUpper(Matrix A , out int swapCount)
{
    Matrix U = A.Copy();
    for (int i = 0; i < U.RowCount - 1; i++)
    {
        int pivot = GetColumnPivot(U, i, i);          //找到主元
        SwapRow(U, i, pivot);                         //交换
        var rowVec = U.GetRow(i);
        for (intj = i + 1; j < U.RowCount; j++)
        {
            double factor = U[j, i] / U[i, i];
            U.SetRow(j, U.GetRow(j) - factor * rowVec); }
    }
    return U;
}
```

此时还可进一步基于上三角矩阵,使用对角线元素计算上三角矩阵行列式值。定义 Determinant 方法如下。

```
public static double Determinant(Matrix A)
```

或可基于上三角矩阵求解矩阵的逆矩阵。在 GaussElimination 类中定义 Inverse 方法如下。

```
public static Matrix Inverse(Matrix A)
{
    var AI = A.Concat(Matrix.Identity(A.RowCount));
    AI = ToUpper(AI);
    for (int i = AI.RowCount - 1; i >= 0; i--)
    {
        var rowVec = AI.GetRow(i);
        rowVec /= rowVec[i];
        AI.SetRow(i, rowVec);
        for (intj = 0; j < i; j++) {
            AI.SetRow(j,AI.GetRow(j) - AI[j, i] * rowVec); }
    }
    return AI.SubColumns(A.ColumnCount,AI.ColumnCount); }
```

编写 Solve 方法,调用 ToUpper 方法,基于 Gauss 消去法原理求解线性方程组 $Ax=b$,输出增广矩阵、消去后的矩阵以及解向量。

3. 添加测试样例

在 GaussElimination 类中添加 Sample 方法,求解线性方程组

$$Ax = b$$

其中

$$A = \begin{bmatrix} 2 & 1 & -2 \\ 4 & 0 & -1 \\ 0 & 3 & 2 \end{bmatrix}, \quad b = \begin{bmatrix} 1 \\ 7 \\ -1 \end{bmatrix}$$

调用 Sample 方法,运行程序,结果如下。

消去后的增广矩阵为

$$\begin{bmatrix} A & b \end{bmatrix} = \begin{bmatrix} 2 & 1 & -2 & 1 \\ 0 & -2 & 3 & 5 \\ 0 & 0 & 6.5 & 6.5 \end{bmatrix}$$

解为

$$x = \begin{bmatrix} 2 & -1 & 1 \end{bmatrix}^{\mathrm{T}}$$

五、实验总结

经过此次实验,掌握了普通 Gauss 消去法和列主元 Gauss 消去法的数学原理,理解了矩阵行列式和逆矩阵的计算方法。

课后习题

分别通过调用 GaussElimination. Solve 以及手算两种方法求解线性方程组

$$\begin{cases} 10^{-16}x_1 + x_2 = 1 \\ x_1 + x_2 = 2 \end{cases}$$

实验三

线性方程组的直接解法——Cholesky分解

一、实验目的

掌握向量和矩阵的范数的定义及计算方法,学习 Cholesky(楚列斯基)分解的原理及其在求解系数矩阵为对称正定矩阵的线性方程组时的应用。

二、实验原理

1. 范数

（1）向量范数

范数是一种用来度量向量或矩阵的大小或长度的函数,它可以反映向量或矩阵的特征和性质。而向量范数则是衡量向量"大小"或"长度"的一种数学工具,是一个从向量空间映射到实数的函数 $\|\cdot\|$。

① 1-范数：向量元素的绝对值之和,表示为 $\|\boldsymbol{v}\|_1 = \sum\limits_{i=1}^{n} |v_i|$。

② 2-范数：向量的模,表示为

$$\|\boldsymbol{v}\|_2 = \sqrt{\sum_{i=1}^{n} v_i^2}$$

③ ∞-范数：向量元素的绝对值的最大值,表示为 $\|\boldsymbol{v}\|_\infty = \max\limits_{1 \leqslant j \leqslant n} |v_i|$。

（2）矩阵范数

矩阵范数是一种用来度量矩阵的大小的正实数函数。对于矩阵 $\boldsymbol{A} = (a_{ij})_{m \times n}$,常用的矩阵范数如下：

① 1-范数：矩阵列绝对值和的最大值,表示为 $\|\boldsymbol{A}\|_1 = \max\limits_{1 \leqslant j \leqslant n} \sum\limits_{i=1}^{m} |a_{ij}|$。

② 2-范数：矩阵的谱半径的平方根,表示为 $\|\boldsymbol{A}\|_2 = \sqrt{\rho(\boldsymbol{A}^{\mathrm{T}}\boldsymbol{A})}$,其中 $\rho(\boldsymbol{A}^{\mathrm{T}}\boldsymbol{A})$ 表示矩阵 $\boldsymbol{A}^{\mathrm{T}}\boldsymbol{A}$ 的谱半径。

③ ∞-范数：矩阵行绝对值和的最大值,表示为 $\|\boldsymbol{A}\|_\infty = \max\limits_{1 \leqslant i \leqslant m} \sum\limits_{j=1}^{n} |a_{ij}|$。

④ Frobenius 范数：矩阵元素的平方和的平方根，表示为 $\|A\|_F = \sqrt{\sum\limits_{i=1}^{m}\sum\limits_{j=1}^{n}a_{ij}^2}$。

2. 矩阵条件数

条件数是衡量方阵 A 的数值稳定性的重要指标。

① 1-条件数：

$$\kappa_1(A) = \|A\|_1 \cdot \|A^{-1}\|_1$$

② 2-条件数：

$$\kappa_2(A) = \|A\|_2 \cdot \|A^{-1}\|_2$$

③ ∞-条件数：

$$\kappa_\infty(A) = \|A\|_\infty \cdot \|A^{-1}\|_\infty$$

3. Cholesky 分解

Cholesky 分解是一种常用于求解系数矩阵为对称正定矩阵的线性方程组的直接解法，也称为平方根法。对于对称正定矩阵 A，Cholesky 分解将其分解为 $A = LL^T$，其中 L 是一个下三角矩阵，L^T 是 L 的转置。Cholesky 分解的使用条件是矩阵满足对称正定的性质。在求解系数矩阵为对称正定矩阵的线性方程组的各类方法中，Cholesky 分解具有较好的数值稳定性。

分解后，线性方程组 $Ax = b$ 可以通过以下步骤求解：

① 分解 $A = LL^T$；
② 解下三角方程组 $Ly = b$；
③ 解上三角方程组 $L^T x = y$。

三、实验内容

1. 向量范数和矩阵范数的计算

根据向量范数和矩阵范数的数学定义来实现各类范数的计算。

2. 矩阵条件数的计算

基于矩阵的范数和逆矩阵的范数计算条件数。

3. Cholesky（平方根法）求解线性方程组

使用 Cholesky 分解求解系数矩阵为对称正定矩阵的线性方程组 $Ax = b$。

四、实验步骤

1. 在 Base 文件夹中添加 Norm 类文件
2. 在 Norm 类实现求向量以及矩阵的各类范数功能实现及其对应的命令语句如表 3-1 所列

表 3-1 各类范数功能实现对应的命令语句

功 能 实 现	命 令 语 句
求向量的 1-范数	public static double One(Vector v);
求向量的 2-范数	public static double Two(Vector v);

功 能 实 现	命 令 语 句
求向量的∞-范数	public static double Infinity(Vector v);
求矩阵的 1-范数	public static double One(Matrix m);
求矩阵的 2-范数	public static double Two(Matrix m);
求矩阵的∞-范数	public static double Infinity(Matrix m);
求矩阵的 Frobenius 范数	public static double Frobenius(Matrix m);

3. 添加求解矩阵的条件数的方法

在 LinearEquations 文件夹中添加 ConditionNumber 类,调用 GaussElimination 类中的 Inverse 方法,使用逆矩阵计算矩阵的条件数。

4. 实现 Cholesky 分解

在 LinearEquations 中添加 Cholesky 类,定义 Factorize 方法,实现矩阵分解。首先检查矩阵是否为方阵及对称矩阵:

```
if (m.RowCount != m.ColumnCount)
    throw new Exception("矩阵不是方阵,无法求解");
if (! m.Equals(m.Transpose()))
    throw new Exception("矩阵不具有对称性,无法求解");
```

再构造元素全为 0 的下三角矩阵 *L*:

```
Matrix L = new Matrix(m.RowCount, m.ColumnCount);
```

通过嵌套循环逐行逐列计算矩阵 *L* 的元素,并检查对角元素是否有效,如果以上条件均满足,则最后成功返回下三角矩阵 *L*:

```
for (int i = 0; i < m.RowCount; i++)
{
    // 计算 L 的非对角元素(j < i)
    for (int j = 0; j < i; j++)
    {
        L[i, j] = (m[i, j] - L.GetRow(i) * L.GetRow(j)) / L[j, j];
    }
    // 计算对角元素(j = i)
    L[i, i] = Math.Sqrt(m[i, i] - L.GetRow(i) * L.GetRow(i));
    // 若对角元素异常,说明矩阵非对称正定,返回空值
    if (double.IsNaN(L[i, i]) || L[i, i] == 0)
        return null;
}
```

5. 用 Cholesky 分解法求解

在 Cholesky 类中添加 Solve 方法。首先调用 Factorize 方法对系数矩阵 MatA 进行 Cholesky 分解,得到下三角矩阵 *L*。如果 Factorize 返回 null,则说明 MatA 不是对称正定

矩阵,因此无法求解,方法返回 null。

```
Matrix L = Factorize(MatA);
if (L is null)
    return null;
```

初始化两个向量 y 和 x,长度与 VecB(即常数向量)相同,存储中间解和最终解:

```
Vector y = new Vector(VecB.Length), x = new Vector(VecB.Length);
```

通过前向替换求解 $Ly=b$:

```
for (int i = 0; i < y.Length; i++)
{
    y[i] = (VecB[i] - L.GetRow(i) * y) / L[i, i];
}
```

通过后向替换求解 $L^Tx=y$:

```
for (int i = x.Length - 1; i >= 0; i--)
{
    x[i] = (y[i] - L.GetColumn(i) * x) / L[i, i];
}
return x;
```

6. 添加求解样例

在 Cholesky 类中添加 Sample 方法,计算线性方程组

$$Ax = b$$

其中

$$A = \begin{bmatrix} 1 & 1 & 1 & 1 & 1 \\ 1 & 2 & 3 & 4 & 5 \\ 1 & 3 & 6 & 10 & 15 \\ 1 & 4 & 10 & 20 & 35 \\ 1 & 5 & 15 & 35 & 70 \end{bmatrix}, \quad b = \begin{bmatrix} 10 \\ 7 \\ 5 \\ 1 \\ 0 \end{bmatrix}$$

调用 Sample 方法,运行程序,输出解向量 x 以及偏差 $Ax-b$,结果如下。

分解得到的矩阵为

$$L = \begin{bmatrix} 1 & 0 & 0 & 0 & 0 \\ 1 & 1 & 0 & 0 & 0 \\ 1 & 2 & 1 & 0 & 0 \\ 1 & 3 & 3 & 1 & 0 \\ 1 & 4 & 6 & 4 & 1 \end{bmatrix}$$

解为

$$x = \begin{bmatrix} 25 & -46 & 58 & -35 & 8 \end{bmatrix}^T$$

五、实验总结

由上述实验可知,编程中的模块化设计十分重要,例如将向量范数、矩阵范数、条件数和 Cholesky 分解分别封装为独立的方法,可提高代码的可读性和可维护性。再如,可以通过复用已有的矩阵和向量操作(如矩阵乘法、转置、求逆等),减少代码冗余。

课后习题

尝试给出 5 阶 Hilbert 矩阵的行列式值、1-范数、2-条件数以及其逆矩阵的行列式值、2-范数、1-条件数。

实验四

矩阵的特征值与特征向量

一、实验目的

掌握矩阵特征值及特征向量的定义及计算方法,了解矩阵特征值在矩阵计算中的应用。

二、实验原理

在线性代数中,特征值和特征向量的计算是许多算法的基础,如矩阵对角化及矩阵谱半径的计算等。此外,图像处理中的主成分分析(Principal Component Analysis,PCA)方法、工程学中的振动分析等也与矩阵特征值和特征向量密不可分。

1. 定义

设 $A \in \mathbb{R}^{n \times n}$ 或 $\mathbb{C}^{n \times n}$,若存在 $\lambda \in \mathbb{C}$,$x \in \mathbb{C}^n$,$x \neq 0$,满足:

$$Ax = \lambda x$$

则称 λ 为方阵 A 的特征值,x 是方阵 A 的属于特征值 λ 的特征向量;求 λ 和 x 的问题称为矩阵的特征值问题。

2. 计算方法

求解矩阵特征多项式,可得到矩阵的特征值。方阵 A 对应的特征多项式为

$$\det(\lambda I - A) = 0$$

将该行列式展开,可得到一关于 λ 的 n 次多项式 $f(\lambda)$,其在复数域内的 n 个零点即对应于 A 的 n 个特征值,可记为 $\lambda_1, \lambda_2, \cdots, \lambda_n$。

将计算得到的特征值 λ_i 代回线性方程中,即

$$Ax = \lambda_i x$$

其非零解 x 即为该特征值对应的特征向量。

3. 相关概念

特征值的集合 $\{\lambda_1, \lambda_2, \cdots, \lambda_n\}$ 称为方阵 A 的谱,记为 $\sigma(A)$;$\rho(A) = \max\limits_{\lambda \in \sigma(A)} |\lambda|$ 为方阵 A 的谱半径。称方阵对角线元素之和为此矩阵的迹,记为 $\text{tr}A$,其值也等于矩阵特征值之和,即

$$\mathrm{tr}\boldsymbol{A} = \sum_{i=1}^{n} a_{ii} = \sum_{i=1}^{n} \lambda_i$$

此外,方阵行列式等于方阵特征值之积,即

$$\det\boldsymbol{A} = \prod_{i=1}^{n} \lambda_i$$

4. 矩阵 QR 分解及 QR 算法

设 $\boldsymbol{A} \in \mathbb{C}^{m \times n}\,(m \geqslant n)$,则存在一个单位列正交矩阵 $\boldsymbol{Q} \in \mathbb{C}^{m \times m}\,(\boldsymbol{Q}^{\mathrm{T}} = \boldsymbol{Q}^{-1})$ 和一个上三角矩阵 $\boldsymbol{R} \in \mathbb{C}^{m \times n}$,使得

$$\boldsymbol{A} = \boldsymbol{Q}\boldsymbol{R}$$

若 $\boldsymbol{A}$ 列满秩,则存在一个具有正对角线元素的上三角矩阵 $\boldsymbol{R}$ 使得上式成立,且此时 QR 分解唯一。

QR 算法是一种求解矩阵特征值的迭代方法,其迭代过程为:

(1) 令 $\boldsymbol{A}_0 = \boldsymbol{A}$。

(2) 在迭代的第 k 步,计算 $\boldsymbol{A}_k$ 的 QR 分解

$$\boldsymbol{A}_k = \boldsymbol{Q}_k \boldsymbol{R}_k$$

然后令 $\boldsymbol{A}_{k+1} = \boldsymbol{R}_k \boldsymbol{Q}_k$。注意到

$$\boldsymbol{A}_{k+1} = \boldsymbol{R}_k \boldsymbol{Q}_k = \boldsymbol{Q}_k^{-1} \boldsymbol{Q}_k \boldsymbol{R}_k \boldsymbol{Q}_k = \boldsymbol{Q}_k^{-1} \boldsymbol{A}_k \boldsymbol{Q}_k = \boldsymbol{Q}_k^{\mathrm{T}} \boldsymbol{A}_k \boldsymbol{Q}_k$$

则 $\boldsymbol{A}_{k+1}$ 与 $\boldsymbol{A}_k$ 相似,具有相同特征值。

(3) 重复(2),直到指定的最大迭代步数,所得 $\boldsymbol{A}_k$ 的主对角元素可视为 $\boldsymbol{A}$ 特征值的近似解。

三、实验内容

1. 矩阵的 QR 分解

实现矩阵的 QR 分解算法,并进行样例测试。

2. 矩阵特征值、特征向量及谱半径计算

基于 QR 算法原理,实现矩阵的特征值计算,据此实现矩阵特征向量及谱半径的计算,并进行样例测试。

四、实验步骤

1. 实现 QR 分解

在项目下新建名为 EigenValue 的文件夹,在其下添加名为 QRIteration 的类。在 QRIteration 类中定义 QR 分解的对应算法 Factorize。

Factorize 方法的实现基于 Schmidt 正交化,使用 for 循环逐列进行 QR 分解,Q 的每列相互正交,且为单位向量。

```
for (int j = 0; j < A.ColumnCount; j++)
{
    Vector resVec = A.GetColumn(j);
```

```
// Aj = x1 * Q1 + x2 * Q2 + … +xj * Qj
// 故 x1 = Aj * Q1 → Aj - x1 * Q1 = Aj - Aj * Q1 * Q1,类推
// 注意,其中 xk 即为 R(k,j)
for (int i = 0; i < j; i++)
{
    R[i, j] = resVec * QVs[i];
    resVec -= R[i, j] * QVs[i];
}
…
}
```

此处需注意区分剩余向量为零及非零两种情况,对应地进行不同处理。

```
if (!resVec.IsZero())
{
    // 剩余向量非零,易知此时 resVec = xj * Qj
    R[j, j] = Norm.Two(resVec);
    QVs[j] = resVec / R[j, j];
}
else
{
    // 剩余向量为零向量,说明 xj * Qj = 0,无法求 Qj
    // 此时前 j 列线性相关,需使用单位向量 ek 构造一个非零正交向量
    Vector Qj = null;
    while (Qj is null && usedUnitCount <= j)
    {
        Vector resUnit = new Vector(A.ColumnCount);
        resUnit[usedUnitCount] = 1;
        for (int i = 0; i < j; i++)
            resUnit -= resUnit * QVs[i] * QVs[i];
        if (!resUnit.IsZero())
            Qj = resUnit / Norm.Two(resUnit);
        usedUnitCount++;
    }
    R[j, j] = 0;
    QVs[j] = Qj;
}
```

2. QR 分解样例测试

所要测试的矩阵包括

$$A_1 = \begin{bmatrix} 1 & 1 \\ 3 & 1 \end{bmatrix}, \quad A_2 = \begin{bmatrix} 1 & 2 & 2 \\ 2 & 1 & 2 \\ 1 & 2 & 1 \end{bmatrix}$$

其 QR 分解分别为

$$Q_1 = \begin{bmatrix} 1/\sqrt{10} & 3/\sqrt{10} \\ 3/\sqrt{10} & -1/\sqrt{10} \end{bmatrix}, \quad R_1 = \begin{bmatrix} \sqrt{10} & 4/\sqrt{10} \\ 0 & 2/\sqrt{10} \end{bmatrix}$$

$$\boldsymbol{Q}_2 = \begin{bmatrix} 1/\sqrt{6} & 1/\sqrt{3} & 1/\sqrt{2} \\ 2/\sqrt{6} & -1/\sqrt{3} & 0 \\ 1/\sqrt{6} & 1/\sqrt{3} & -1/\sqrt{2} \end{bmatrix}, \quad \boldsymbol{R}_2 = \begin{bmatrix} \sqrt{6} & \sqrt{6} & 7/\sqrt{6} \\ 0 & \sqrt{3} & 1/\sqrt{3} \\ 0 & 0 & 1/\sqrt{2} \end{bmatrix}$$

在 QRIteration 类中添加 Sample 方法,调用 Factorize 方法分别求解这两个矩阵的 QR 分解,所得如下:

$$\boldsymbol{Q}_1 = \begin{bmatrix} 0.3162 & 0.9486 \\ 0.9486 & -0.3162 \end{bmatrix}, \quad \boldsymbol{R}_1 = \begin{bmatrix} 3.1623 & 1.2649 \\ 0 & 0.6325 \end{bmatrix}$$

$$\boldsymbol{Q}_2 = \begin{bmatrix} 0.4082 & 0.5774 & 0.7071 \\ 0.8164 & -0.5774 & -4.7103\text{E}-16 \\ 0.4082 & 0.5774 & -0.7071 \end{bmatrix}, \quad \boldsymbol{R}_2 = \begin{bmatrix} 2.4495 & 2.4495 & 2.8577 \\ 0 & 1.7321 & 0.5774 \\ 0 & 0 & 0.7071 \end{bmatrix}$$

3. 实现矩阵特征值、特征向量求解

在 QRIteration 类中添加 EigenValues 方法,基于 QR 迭代,使用 while 循环实现矩阵特征值的迭代求解。

```
while (!IsSchurMatrix(A1, limit))
{
    if (count >= maxCount)
        throw new Exception("未在指定迭代次数内收敛,QR方法可能不收敛");
    QR = Factorize(A1);
    Q = QR.Item1;
    R = QR.Item2;
    A1 = R * Q;
    count++;
}
```

其中,IsSchurMatrix 方法用于判断 A1 矩阵是否为满足误差限的 Schur 矩阵。

根据计算得到的特征值,可以进一步进行谱半径计算。在 QRIteration 类中添加 SpectralRadius 方法,查找特征值中模平方的最大值即为谱半径。

```
var eigenValues = EigenValues(A, maxCount, limit);
Vector real = eigenValues.Item1, imag = eigenValues.Item2;
// 查找特征值中模平方的最大值
double max2 = 0;
for (int i = 0; i < real.Length; i++)
{
    double m2 = real[i] * real[i] + imag[i] * imag[i];
    if (m2 > max2)
        max2 = m2;
}
```

在 QRIteration 类中添加 EigenVector 方法,根据计算得到的特征值,求解各特征值对应的特征向量。

调用 GaussElimination.ToUpper 方法,获得经过列主元消去后的上三角矩阵。

```
Matrix A1 = GaussElimination.ToUpper(A - real[i] * I);
```

调用 Matrix 类中定义的 SubRows 及 SubColumns 方法,获得其阶数最大的非奇异主子式,然后调用 SORIteration.Solve 方法求解特征向量。

```
// m 为其最大的非奇异主子式的阶数
Matrix Am = (A1.SubRows(0, m)).SubColumns(0, m);
Matrix A2 = (A1.SubRows(0, m)).SubColumns(m, real.Length);
Vector b = new Vector(real.Length - m);
// 为某一自由变元赋值
b[j] = 1;
Vector y = new Vector(real.Length);
b.CopyTo(y, m);
b = A2 * b;
Vector x = SORIteration.Solve(Am, -b);
x.CopyTo(y, 0);
```

4. 特征值、特征向量求解样例测试

所要测试的矩阵仍为

$$\boldsymbol{A}_1 = \begin{bmatrix} 1 & 1 \\ 3 & 1 \end{bmatrix}, \quad \boldsymbol{A}_2 = \begin{bmatrix} 1 & 2 & 2 \\ 2 & 1 & 2 \\ 1 & 2 & 1 \end{bmatrix}$$

其特征值分别为

$$\lambda_{11} = 1 + \sqrt{3}, \quad \lambda_{12} = 1 - \sqrt{3}$$

$$\lambda_{21} = -1, \quad \lambda_{22} = 2 + \sqrt{7}, \quad \lambda_{23} = 2 - \sqrt{7}$$

对应特征向量分别为

$$\boldsymbol{x}_{11} = \begin{bmatrix} 1/\sqrt{3} & 1 \end{bmatrix}^{\mathrm{T}}, \quad \boldsymbol{x}_{12} = \begin{bmatrix} -1/\sqrt{3} & 1 \end{bmatrix}^{\mathrm{T}}$$

$$\boldsymbol{x}_{21} = \begin{bmatrix} 0 & -1 & 1 \end{bmatrix}^{\mathrm{T}}, \quad \boldsymbol{x}_{22} = \begin{bmatrix} (\sqrt{7}+1)/3 & (\sqrt{7}+1)/3 & 1 \end{bmatrix}^{\mathrm{T}},$$

$$\boldsymbol{x}_{23} = \begin{bmatrix} (-\sqrt{7}+1)/3 & (-\sqrt{7}+1)/3 & 1 \end{bmatrix}^{\mathrm{T}}$$

在 Sample 方法中添加语句,调用 EigenValues,EigenVector 和 SpectralRadius 方法分别求解这两个矩阵的特征值、特征向量和谱半径,所得如下:

$$\lambda_{11} = 2.7321, \quad \lambda_{12} = -0.7321$$

$$\lambda_{21} = 4.6458, \quad \lambda_{22} = -0.6458, \quad \lambda_{23} = -1.000$$

$$\boldsymbol{x}_{11} = \begin{bmatrix} 0.5774 & 1 \end{bmatrix}^{\mathrm{T}}, \quad \boldsymbol{x}_{12} = \begin{bmatrix} -0.5774 & 1 \end{bmatrix}^{\mathrm{T}}$$

$$\boldsymbol{x}_{21} = \begin{bmatrix} 0 & -1 & 1 \end{bmatrix}^{\mathrm{T}}, \quad \boldsymbol{x}_{22} = \begin{bmatrix} 1.2153 & 1.2153 & 1 \end{bmatrix}^{\mathrm{T}},$$

$$\boldsymbol{x}_{23} = \begin{bmatrix} -0.5486 & -0.5486 & 1 \end{bmatrix}^{\mathrm{T}}$$

$$\rho(\boldsymbol{A}_1) = 2.7321, \quad \rho(\boldsymbol{A}_2) = 4.6458$$

五、实验总结

虽然上述实验的测试样例中，所使用矩阵的特征值均为实数，但实际上我们实现的算法是可以进行复特征值计算的。此外，还可以利用上述计算所得的特征值计算矩阵的行列式，并与 GaussElimination. Determinant 方法得到的结果进行对比，互相验证计算结果的准确性。

课后习题

尝试给出如下矩阵的 QR 分解结果、特征值、特征向量及谱半径：

$$A = \begin{bmatrix} 6 & 2 & 1 & -1 \\ 1 & 4 & 1 & 3 \\ 3 & 2 & 4 & -1 \\ -1 & 0 & -2 & 3 \end{bmatrix}$$

实验五

线性方程组的迭代解法——Jacobi迭代法和 Gauss-Seidel迭代法

一、实验目的

掌握 Jacobi(雅可比)迭代法和 Gauss-Seidel(高斯-赛德尔)迭代法的基本原理,对比两种迭代法的收敛速度和迭代次数。

二、实验原理

1. Jacobi 迭代法

Jacobi 迭代法可求解线性方程组 $\boldsymbol{Ax} = \boldsymbol{b}$,其中 $\boldsymbol{A} \in \mathbb{R}^{n \times n}$,$\boldsymbol{b}$ 是常数向量,该方法将每个未知数的更新与其他未知数的当前值分开,从而实现迭代计算。将矩阵 $\boldsymbol{A}$ 分解为 $\boldsymbol{A} = \boldsymbol{D} - \boldsymbol{L} - \boldsymbol{U}$,其中 $\boldsymbol{D}$ 为对角矩阵,$\boldsymbol{L}$ 为严格下三角部分,$\boldsymbol{U}$ 为严格上三角部分。

(1)迭代过程

① 选择初始值 $\boldsymbol{x}^{(0)}$。

② 根据迭代公式更新解向量 $\boldsymbol{x}^{(k+1)}$。

迭代公式如下: $j = 0,4$

$$\boldsymbol{x}^{(k+1)} = \boldsymbol{B}_J \boldsymbol{x}^{(k)} + \boldsymbol{f}_J = \boldsymbol{D}^{-1} \left[(\boldsymbol{L} + \boldsymbol{U}) \boldsymbol{x}^{(k)} + \boldsymbol{b} \right]$$

进一步拆解每一个分量,可得

$$x_i^{(k+1)} = \frac{1}{a_{ii}} \left(b_i - \sum_{j=1}^{i-1} a_{ij} x_j^{(k)} - \sum_{j=i+1}^{n} a_{ij} x_j^{(k)} \right), \quad i = 1, 2, \cdots, n; k = 0, 1, 2, \cdots$$

③ 判断收敛条件,若满足 $\| \boldsymbol{Ax}^{(k+1)} - \boldsymbol{b} \|$ 小于预设误差限或超过指定的最大迭代次数,则停止迭代,否则继续。

(2)算法收敛性:Jacobi 迭代法的收敛性以及收敛速度依赖于问题的具体条件,如系数矩阵的结构和初始近似解的选择。

(3)优缺点

优点:算法简单,易于实现;在并行计算中具有优势,因为每个未知数的更新可以独立进行。

缺点：收敛速度较慢，尤其是在矩阵条件数较差时。对于非对角占优的矩阵，可能不收敛。

（4）应用场景：Jacobi 迭代法常用于数值线性代数的实际应用中，特别是在大规模稀疏线性方程组的求解中，例如在工程、物理等领域的数值模拟中。

2. Gauss-Seidel 迭代法

Gauss-Seidel 迭代法是用于求解线性方程组 $Ax = b$ 的迭代方法。与 Jacobi 法不同，Gauss-Seidel 法在更新未知数时使用已更新的值，从而加快收敛速度。将矩阵 A 分解为 $A = D - L - U$，其中 D 为对角矩阵，L 为严格下三角部分，U 为严格上三角部分。

（1）迭代过程

① 选择初始值 $x^{(0)}$。

② 根据迭代公式更新解向量 $x^{(k+1)}$。

迭代公式如下：

$$x_i^{(k+1)} = \frac{1}{a_{ii}}\left(b_i - \sum_{j=1}^{i-1} a_{ij} x_j^{(k+1)} - \sum_{j=i+1}^{n} a_{ij} x_j^{(k)}\right), \quad i = 1, 2, \cdots, n; k = 0, 1, 2, \cdots$$

③ 判断收敛条件，若满足 $\| Ax^{(k+1)} - b \|$ 小于预设误差限或超过指定的最大迭代次数，则停止迭代，否则继续。

（2）算法收敛性：Gauss-Seidel 迭代法在矩阵 A 是严格对角占优或埃尔米特正定时通常收敛。此外，对于对称且正定的矩阵，该方法也能确保收敛。

（3）优缺点

优点：收敛速度通常快于 Jacobi 迭代法，因为使用了已更新的值。适合处理稀疏矩阵和大规模问题。

缺点：迭代过程需要按顺序计算，限制了并行化。

（4）应用场景：Gauss-Seidel 迭代法常用于数值线性代数的实际应用中，特别是大规模稀疏线性方程组的求解中，例如在工程、物理等领域的数值模拟中。

三、实验内容

1. 实现两种经典的迭代法求解线性方程组 $Ax = b$

Jacobi 迭代法是通过分解矩阵 A 为对角矩阵、下三角矩阵和上三角矩阵，逐步逼近解。Gauss-Seidel 迭代法是在 Jacobi 迭代法的基础上，利用已更新的分量加速收敛。

2. 迭代法对比分析

通过实验观察比较两种迭代法的收敛速度和迭代次数。

四、实验步骤

1. 使用 Jacobi 迭代法求解线性方程组

在 LinearEquations 文件夹中添加 JacobiIteration 类，类体中添加 Solve 方法，实现 Jacobi 迭代法。

首先检查矩阵 A 是否为方阵、矩阵 A 的行数是否与向量 b 的长度相等以及矩阵 A 的对角线元素是否都不为 0，如果不满足以上三点要求，则输出异常。

```
if (A.RowCount != A.ColumnCount)
    throw new Exception("系数矩阵不是方阵,无法求解");
if (A.RowCount != b.Length)
    throw new Exception("系数矩阵行数与向量长度不相等,无法求解");
for (int i = 0; i < A.RowCount; i++)
{
    if (A[i, i] == 0)
        throw new Exception("Jacobi 迭代要求系数矩阵对角线元素非 0");
}
```

然后计算对角阵 D 的逆矩阵。

```
Matrix DInv = new Matrix(A.RowCount, A.ColumnCount);
for (int i = 0; i < A.RowCount; i++)
{
    DInv[i, i] = 1 / A[i, i];
}
```

然后计算 Jacobi 迭代矩阵 B_J 和向量 f_J。

```
Matrix BJ = Matrix.Identity(A.RowCount) - DInv * A;
Vector fJ = DInv * b;
```

考虑计算步骤，使用 while 循环进行迭代求解，循环体终止条件为 $Ax - b$ 小于等于设置阈值 limit。

```
while (Norm.One(A * x - b) > limit)
{
    if (count >= maxCount) //如果计算次数超限亦退出循环
    {
        throw new Exception("未在指定迭代次数内收敛,Jacobi 迭代法可能不收敛");
    }
    x = BJ * x + fJ;
    count++;
}
```

2. 使用 Gauss-Seidel 迭代法求解线性方程组

在 LinearEquations 文件夹中添加 GaussSeidelIteration 类，类体中添加 Solve 方法，实现 Gauss-Seidel 迭代法。

首先检查矩阵 A 是否为方阵、矩阵 A 的行数是否与向量 b 的长度相等以及矩阵 A 的对角线元素是否都不为 0，如果不满足以上三点要求，则输出异常。

```
if (A.RowCount != A.ColumnCount)
    throw new Exception("系数矩阵不是方阵,无法求解");
if (A.RowCount != b.Length)
    throw new Exception("系数矩阵行数与向量长度不相等,无法求解");
```

```
for (int i = 0; i < A.RowCount; i++)
{
    if (A[i, i] == 0)
        throw new Exception("Gauss - Seidel 迭代要求系数矩阵对角线元素非 0");
}
```

然后构造对角矩阵 $\boldsymbol{D}$ 及其逆矩阵 $\boldsymbol{D}_{\mathrm{Inv}}$，其中 $\boldsymbol{D}$ 是 $\boldsymbol{A}$ 的对角矩阵，计算矩阵 $\boldsymbol{B}_J$，用于后续迭代计算。

```
Matrix DInv = new Matrix(A.RowCount, A.ColumnCount);
for (int i = 0; i < A.RowCount; i++)
{
    DInv[i, i] = 1 / A[i, i];
}
Matrix BJ = Matrix.Identity(A.RowCount) - DInv * A;
Vector f = DInv * b;
```

初始化迭代向量 x，其长度与向量 b 相同。

```
Vector x = new Vector(b.Length);
int count = 0;
```

使用 while 循环进行迭代求解，直到 $\boldsymbol{A}\boldsymbol{x} - \boldsymbol{b}$ 的 1-范数小于等于阈值 limit，计算过程中 $\boldsymbol{x}$ 的每个分量从前往后计算，更新未知数时使用已更新的值，从而加快收敛速度。

```
while (Norm.One(A * x - b) > limit)
{
    if (count >= maxCount)
    {
        throw new Exception("未在指定迭代次数内收敛,Gauss - Seidel 方法可能不收敛");
    }
    // 进行迭代
    for (int i = 0; i < x.Length; i++)
    {
        x[i] = BJ.GetRow(i) * x + f[i];
    }
    count++;
}
```

3. 两种迭代法对比

在 JacobiIteration 类和 GaussSeidelIteration 类中分别添加 Sample 方法，求解如下线性方程组：

$$\boldsymbol{A}\boldsymbol{x} = \boldsymbol{b}$$

其中

$$\boldsymbol{A} = \begin{bmatrix} 6 & 2 & 1 & -1 \\ 2 & 4 & 1 & 0 \\ 1 & 1 & 4 & -1 \\ -1 & 0 & -1 & 3 \end{bmatrix}, \quad \boldsymbol{b} = \begin{bmatrix} 6 \\ 1 \\ 5 \\ -5 \end{bmatrix}$$

分别调用两个类中的 Sample 方法，运行程序，结果如下。

Jacobi 方法所得的解为

$$\boldsymbol{x} = \begin{bmatrix} 0.7906 & -0.3613 & 0.8639 & -1.1152 \end{bmatrix}^{\mathrm{T}}$$

Gauss-Seidel 方法所得的解为

$$\boldsymbol{x} = \begin{bmatrix} 0.7906 & -0.3613 & 0.8639 & -1.1152 \end{bmatrix}^{\mathrm{T}}$$

其中，Jacobi 迭代法需要进行 75 次迭代，Gauss-Seidel 迭代法仅需 20 次。两种方法在迭代过程中的偏差情况如图 5-1 所示。

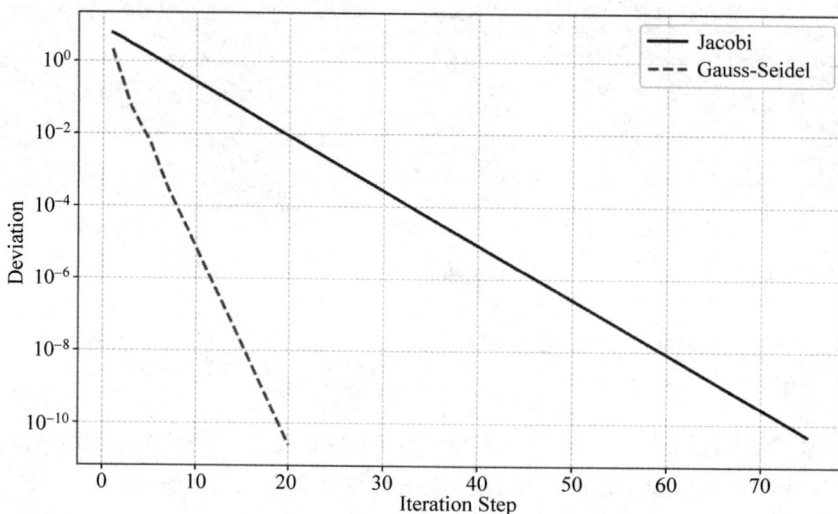

图 5-1　偏差随迭代次数的变化

五、实验总结

通过实验观察，Gauss-Seidel 迭代法的收敛速度比 Jacobi 迭代法快。此外，矩阵的条件数对迭代法的收敛性有显著影响，条件数越大，收敛速度越慢，因此在实际应用中，为保证结果精确性，可能需要首先对矩阵进行处理，降低其条件数后才可使用迭代法求解。

课后习题

分别调用 JacobiIteration 类和 GaussSeidelIteration 类中的 Solve 方法求解如下方程组，并对其收敛速度及结果精度进行比较。

$$\begin{cases} 11x_1 + 3x_2 + x_3 + 5x_4 = 1 \\ 3x_1 + 13x_2 + 6x_3 + x_4 = 2 \\ x_1 + 6x_2 + 14x_3 + 2x_4 = -9 \\ 5x_1 + x_2 + 2x_3 + 9x_4 = 8 \end{cases}$$

实验六

线性方程组的迭代解法——超松弛迭代法和共轭梯度法

一、实验目的

了解逐次超松弛（Successive Over Relaxation，SOR）迭代法和共轭梯度（Conjugate Gradient，CG）法的基本原理，对比不同迭代法的收敛速度和迭代次数。

二、实验原理

1. SOR 迭代法

SOR 迭代法在 Gauss-Seidel 迭代法的基础上进行了优化：通过引入松弛因子 ω，更灵活地调整每次迭代对当前解的更新。SOR 比 Gauss-Seidel 迭代法收敛更快，尤其是适用于对称正定矩阵。

对于线性方程组 $\boldsymbol{Ax} = \boldsymbol{b}$，将矩阵 $\boldsymbol{A}$ 分解为 $\boldsymbol{A} = \boldsymbol{D} - \boldsymbol{L} - \boldsymbol{U}$，其中 $\boldsymbol{D}$ 为对角矩阵，$\boldsymbol{L}$ 为严格下三角部分，$\boldsymbol{U}$ 为严格上三角部分。

（1）迭代过程

① 选择初始值 $\boldsymbol{x}^{(0)}$。

② 选择合适的松弛因子 ω。

③ 根据迭代公式更新解向量 $\boldsymbol{x}^{(k+1)}$。

迭代公式为

$$x_i^{(k+1)} = (1-\omega)x_i^{(k)} + \frac{\omega}{\alpha_{ii}}\left(b_i - \sum_{j=1}^{i-1}\alpha_{ij}x_j^{(k+1)} - \sum_{j=i+1}^{n}\alpha_{ij}x_j^{(k)}\right), \quad i=1,2,\cdots,n$$

其中，ω 是松弛因子（$0<\omega\leqslant 2$），k 是迭代步数。

④ 判断收敛条件，若满足 $\|\boldsymbol{Ax}^{(k+1)} - \boldsymbol{b}\|$ 小于预设误差限或迭代次数超过预设最大迭代次数，则停止迭代，否则继续。

（2）松弛因子

① $\omega=1$ 时，SOR 退化为 Gauss-Seidel 迭代法。

② $\omega>1$ 时，称为超松弛迭代，加快了迭代收敛。

③ $\omega<1$ 时，称为欠松弛迭代，可能用于某些特殊情形下的数值稳定性。

（3）收敛性

如果矩阵 A 是对称正定的，则存在最优松弛因子 ω_{opt}，可以达到最快的收敛速度。通常通过经验公式或试探法确定。

若 A 是严格对角占优矩阵，SOR 方法必然收敛。

收敛的速度依赖于松弛因子 ω，且最优值通常在 $1\sim2$。

（4）优缺点

优点：通过选择合适的 ω，可以显著加快迭代的收敛速度。相较于 Jacobi 迭代法和 Gauss-Seidel 迭代法，SOR 迭代法对于大型稀疏矩阵求解有更好的效率。

缺点：选择合适的松弛因子 ω 可能具有一定难度，尤其是在处理不同类型的矩阵时。

2. CG 法

共轭梯度法是一种用于求解线性方程组 $Ax=b$ 的迭代法，尤其适合解线性方程组的系数矩阵为对称正定矩阵的情况。CG 法基于梯度下降法，并通过构造共轭方向来加速收敛。

（1）迭代过程

① 选择初始解向量 x_0。

② 计算初始残差 $r_0=b-Ax_0$。

③ 初始化搜索方向 $p_0=r_0$。

④ 对于每次迭代：计算步长 $\alpha_k=\dfrac{r_k^{\mathrm{T}}r_k}{p_k^{\mathrm{T}}Ap_k}$；更新解向量 $x_{k+1}=x_k+\alpha_k p_k$；更新残差 $r_{k+1}=r_k-\alpha_k Ap_k$；计算新的搜索方向系数 $\beta_k=\dfrac{r_{k+1}^{\mathrm{T}}r_{k+1}}{r_k^{\mathrm{T}}r_k}$；更新搜索方向 $p_{k+1}=r_{k+1}+\beta_k p_k$。

⑤ 判断收敛条件，若满足 r_k 小于预设误差限或迭代次数达到设定值，则停止迭代，否则继续。

（2）共轭方向

共轭梯度法的核心在于搜索方向 p_k 是矩阵 A 下的共轭方向，即对于任意 $i\neq j$，有 $p_i^{\mathrm{T}}Ap_i=0$。由于方向是共轭的，CG 法能够保证在 n 步内找到解（在理想情况下）。

（3）收敛性

对于对称正定矩阵 A，CG 法的收敛速度与矩阵的条件数 $\kappa(A)$ 有关。条件数越小，收敛越快。由于数值误差，通常设置一个阈值 $\|r_k\|<\varepsilon$ 来判断收敛。

（4）优缺点

优点：CG 法无需显式存储矩阵 A，只需要进行矩阵与向量的乘法运算，因此适合大型稀疏矩阵。

缺点：仅适用于对称正定矩阵；对于病态矩阵，CG 法的收敛速度会变慢。

三、实验内容

1. 超松弛迭代法（SOR 迭代法）和共轭梯度法（CG 法）的实现。

2. 比较不同迭代法的收敛速度和迭代次数。

3. 研究矩阵条件数对迭代性能的影响。

四、实验步骤

1. 通过 CG 法求解线性方程组

在 LinearEquations 文件夹中添加 CGMethod 类,定义 Solve 方法实现共轭梯度法求解。

首先进行初始化:初始化解向量 x;初始化残差向量 r=b;p 为搜索方向,初始为残差向量 r;alpha 和 beta 分别为步长因子和搜索方向系数,分别用于更新解向量和搜索方向;r2Old 和 r2 分别为用来计算更新步长和搜索方向的系数;Ap 为矩阵 A 和搜索方向 p 的乘积向量。

```
Vector x = new Vector(b.Length);
Vector r = b, p = b;
double alpha, beta;
double r2Old, r2 = r * r;
Vector Ap;
```

然后设定最大迭代次数,使用 while 循环体,迭代更新步长 alpha、解向量和残差。

```
int count = 0;
// 迭代不断进行直到 r 接近于 0 或 p 为零向量
while (Norm.One(r) > limit && !p.IsZero())
{
    if (count >= maxCount)
        throw new Exception("未在指定迭代次数内收敛,CG 方法可能不收敛");
    Ap = A * p;
    alpha = r2 / (Ap * p);
    x += alpha * p;
    r2Old = r2;
    r -= alpha * Ap;
    r2 = r * r;
    beta = r2 / r2Old;
    p = r + beta * p;
    count++;
}
```

2. 通过 SOR 迭代求解线性方程组

在 LinearEquations 文件夹中添加 SORIteration 类,定义 Solve 方法实现 SOR 迭代法求解。

首先构造对角矩阵 DInv($\boldsymbol{D}^{-1}$),其中 $\boldsymbol{D}$ 为 $\boldsymbol{A}$ 的对角元素。

```
Matrix DInv = new Matrix(A.RowCount, A.ColumnCount);
for (int i = 0; i < A.RowCount; i++)
```

```
{
    DInv[i, i] = 1 / A[i, i];
}
Matrix BJ = Matrix.Identity(A.RowCount) - DInv * A;
Vector fJ = DInv * b;
```

然后设定最大迭代次数,使用 while 循环体,在其中嵌套 for 循环,对解向量进行逐元素更新。

```
while (Norm.One(r) > limit && !p.IsZero())
{
    if (count >= maxCount)
        throw new Exception("未在指定迭代次数内收敛,SOR 迭代法可能不收敛");
    for (int i = 0; i < x.Length; i++)
    {
        x[i] += w * (BJ.GetRow(i) * x + fJ[i] - x[i]);
    }
}
```

3. 不同迭代法的迭代性能比较

在 Test 文件夹中添加 CompareIterations 类,定义 Test 方法,用于测试并比较多种迭代解法。

以如下线性方程组的求解为例:

$$Ax = b$$

其中

$$A = \begin{bmatrix} 6 & 2 & 0 & 0 \\ 2 & 5 & 1 & 0 \\ 0 & 1 & 4 & -2 \\ 0 & 0 & -2 & 3 \end{bmatrix}, \quad b = \begin{bmatrix} 0 \\ 0 \\ 0 \\ 1 \end{bmatrix}$$

计算矩阵 A 的条件数,判断是否符合迭代收敛条件。

```
Console.WriteLine("矩阵 A 的条件数: " + ConditionNumber.One(A) + "\n");
```

对比 Jacobi 迭代法、Gauss-Seidel 迭代法、SOR 迭代法以及 CG 法求解线性方程组时的性能。

```
Vector xByJ = JacobiIteration.Solve(A, b);
Console.WriteLine(xByJ + "\n");
Vector xByGS = GaussSeidelIteration.Solve(A, b);
Console.WriteLine(xByGS + "\n");
double w = 1.1;
Vector xBySOR = SORIteration.Solve(A, b, w);
Console.WriteLine(xBySOR + "\n");
Vector xByCG = CGMethod.Solve(A, b);
Console.WriteLine(xByCG);
```

运行程序,结果如下(由于最终误差限为 1E-10,故在此对各算法所得结果不做区分)。

$$\boldsymbol{x} = [0.0211 \quad -0.0632 \quad 0.2737 \quad 0.5158]^{\mathrm{T}}$$

其中,Jacobi 迭代法需要进行 52 次迭代,Gauss-Seidel 迭代法需要进行 28 次迭代,SOR 迭代法需要 19 次,CG 法则仅需 4 次。4 种方法在迭代过程中的偏差情况如图 6-1 所示。

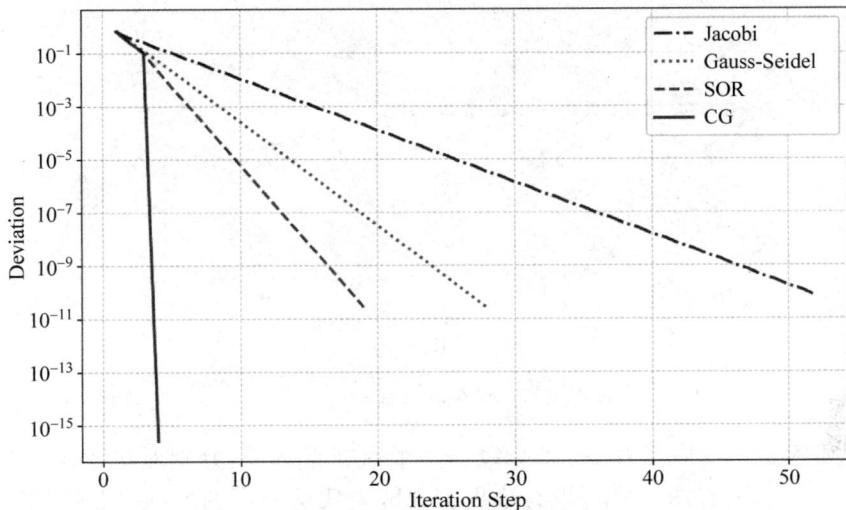

图 6-1　偏差随迭代次数的变化

4. 研究矩阵条件数的影响

以不同阶数的 Hilbert 矩阵为例进行研究,其特征是具有对称正定性,且条件数随矩阵阶数增加而迅速增大。Hilbert 矩阵可以调用 Matrix. Hilbert 方法进行构建。所选择的常数向量为

```
Vector b = A * new Vector(n, true);
```

即解应为全为 1 的向量。运行程序,所得结果如图 6-2 所示。

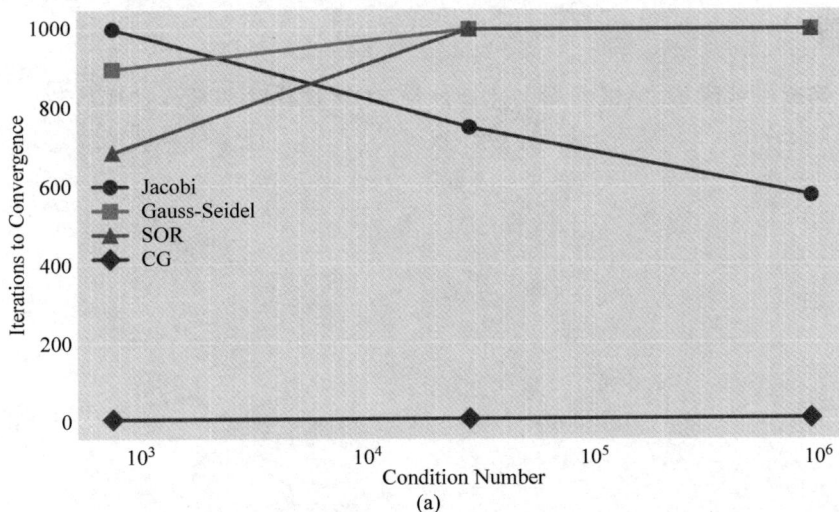

图 6-2　(a)迭代次数随条件数的变化;(b)误差随条件数的变化

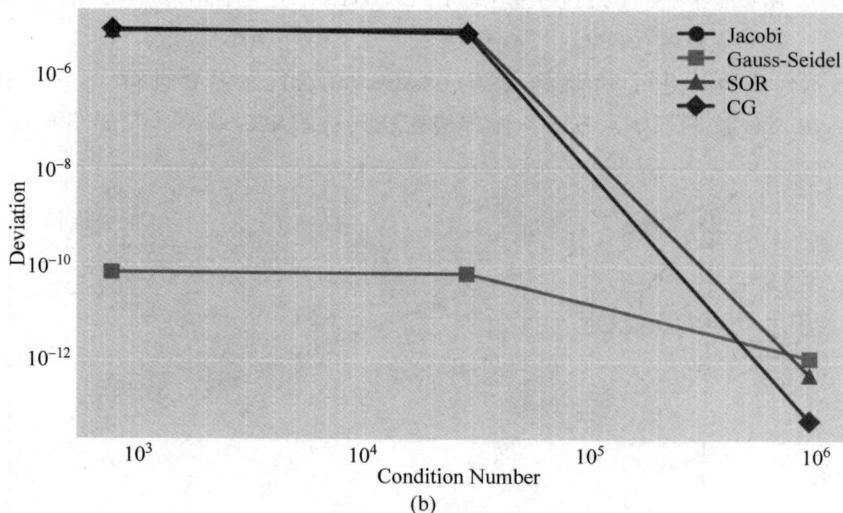

图 6-2 （续）

　　需要说明的是，在图 6-2 中，每条折线由 3 个数据点构成，分别对应 Hilbert 矩阵为 3，4，5 三种情况。另外，在图(b)中，没有绘出 Jacobi 迭代法对应的曲线，因其计算结果发散，误差趋于 $+\infty$。

五、实验总结

　　由上述实验可知，CG 法在对称正定矩阵的情况下收敛速度最快，而 Jacobi 迭代法和 Gauss-Seidel 迭代法收敛速度较慢。SOR 迭代法通过调整松弛因子 ω 可以显著加速收敛。而由 Hilbert 矩阵的测例可见，随着矩阵病态性增大，迭代算法计算成本明显增加，甚至不能使用。因此在选择及应用迭代算法时，需先对矩阵本身的性质进行研究判断。

课后习题

　　请尝试修改松弛因子，测试看看上述算例中 SOR 迭代法的最少迭代次数（　　）。

A. 25～28 次　　　　　　B. 21～24 次　　　　　　C. 17～20 次

D. 13～16 次　　　　　　E. 9～12 次

实验七

非线性方程组的数值解法——二分法和不动点迭代法

一、实验目的

掌握二分法求解非线性方程的数学原理及其收敛性,理解不动点迭代法的构造及其收敛条件。

二、实验原理

1. 二分法

二分法的核心思想是通过逐步缩小区间来逼近方程的根,适用于函数连续并且函数值在区间的两端符号相反的情况。

(1) 计算步骤

① 初始区间选择

假设已知函数 $f(x)$ 在区间 $[a,b]$ 上连续,且满足 $f(a) \cdot f(b) < 0$,即在区间的两端函数值的符号相反,因此可以确定在该区间内至少存在一个根。

② 区间中点计算

计算中点 $c = \dfrac{a+b}{2}$,及该处函数值 $f(c)$。

③ 区间更新

如果 $f(c) = 0$,则 c 就是方程的根;

如果 $f(c) \neq 0$,则根据 $f(c)$ 与 $f(a)$ 或者 $f(b)$ 的符号判断根位于哪一侧。

如果 $f(a) \cdot f(c) < 0$,则根在区间 (a,c) 内;

如果 $f(b) \cdot f(c) < 0$,则根在区间 (c,b) 内。

④ 重复迭代:重复步骤②和③,直到区间长度 $|b-a|$ 足够小或满足精度要求 $|f(c)| < \varepsilon$,ε 为预设限值,则 c 近似为方程的近似根。

(2) 算法收敛性

二分法是一种收敛较慢的线性收敛方法,每次迭代将区间长度减半。若要求精度 ε,则所需迭代次数 n 满足

$$n \geqslant \frac{\log(b-a) - \log\varepsilon}{\log 2}$$

即迭代次数与所要求的精度呈对数关系。

（3）优缺点

优点：二分法的优点是简单、稳定，只要初始区间内有解，并且函数在该区间上连续，二分法一定能找到解。

缺点：收敛速度较慢，并且只适用于一维方程，且必须知道函数在初始区间的符号互异。

2. 不动点迭代法

不动点迭代法是一种求解非线性方程或方程组的数值方法。基于构造与非线性方程（组）等价的不动点方程，通过迭代逼近解。

（1）计算步骤

① 将方程转换为不动点方程的形式

将原方程 $f(x)=0$ 转化为形如 $x=\varphi(x)$ 的等价形式；

② 选择初始猜测值

设定一个初始值 x_0，通常是靠近预期解的一个估计；

③ 迭代公式

使用以下公式计算新的近似解：

$$x_{n+1} = \varphi(x_n), \quad n = 0,1,2,\cdots$$

④ 检查收敛条件

在每次迭代后，检查以下条件是否满足（满足任一即可停止迭代）：

$|x_{n+1} - x_n| < \varepsilon$（解的变化量足够小）

$|\varphi(x_{n+1}) - x_{n+1}| < \varepsilon$（近似解足够接近不动点）

⑤ 更新迭代

若未满足收敛条件，将 x_{n+1} 作为新的近似值，重复步骤③和④；当满足收敛条件时，输出 x_{n+1} 作为方程的近似解。

（2）收敛性

为了保证不动点迭代法的收敛性，通常需要以下条件：

① 不动点存在性：方程 $x=\varphi(x)$ 必须有一个不动点 x^*。

② 连续性：函数 $\varphi(x)$ 在不动点附近是连续的。

③ 收敛条件：如果在不动点附近 $\varphi'(x)$ 存在，且满足 $|\varphi'(x)| < 1$，则迭代过程是局部收敛的，即迭代会逐渐逼近不动点。

（3）优缺点

优点：不动点迭代法的算法简单，易于实现；适用范围广，具有较好的自适应性，不仅适用于非线性方程，也适用于非线性方程组。

缺点：收敛性取决于迭代函数的选择和初始近似值，具有不确定性；难以处理多个解的方程问题。

3. 委托

委托（delegate）是 C♯ 中的一种类型，它允许将方法作为参数传递或存储。委托类似于函数指针,但它更加安全和灵活。通过委托,可以将方法封装为一个对象,并在运行时动态调用该方法。

(1) 委托的特点:

类型安全:委托安全属性较高,编译器会检查委托签名与方法签名时否匹配;

多播委托:一个委托可以绑定多个方法,调用时会依次执行这些方法;

灵活性:委托可以用于回调、事件处理、异步编程等场景。

(2) 委托的定义方法:

委托的定义类似于方法的签名,但它没有方法体。例如,在此定义了一个名为UnaryFunction 的委托,它可以指向任何接收一个 double 参数并返回一个 double 值的方法。代码如下:

```
public delegate double UnaryFunction(double x);
```

三、实验内容

1. 实现二分法求解非线性方程。
2. 实现不动点迭代法求解非线性方程。
3. 比较不同方法的收敛速度和迭代次数。

四、实验步骤

1. 定义一元、二元和三元数值函数的模板

为实现不同数学函数的传递和调用,在此通过委托定义一元、二元和三元数学函数的模板。以定义二元函数委托 UnaryFunction 为例,在此用于表示接收两个 double 参数并返回一个 double 值的函数,代码如下:

```
public delegate double BinaryFunction(double x, double y);
```

同理,定义三元函数委托 TernaryFunction:

```
public delegate double TernaryFunction(double x, double y, double z);
```

2. 二分法实现

新建 NonlinearEquations 文件夹,添加 Bisection 类,定义 FindZero 方法,实现二分法。

首先需要对输入参数进行检查:判断在给定的区间[low,up]上,函数值在两端点处是否异号。

```
if (up < low)
    throw new Exception("区间上界不应小于区间下界!");
if (f(low) * f(up) > 0)
    throw new Exception("区间边界处函数值同号,无法求解!");
```

提前处理掉零点在边界上的特殊情况。

```
if (fLow == 0)
    return low;
if (fUp == 0)
    return up;
```

由于二分法区间长度每次减半,必定收敛,因此不需要设定最大循环次数来保证收敛性,循环退出条件为区间长度小于所设置的容许值。除此以外,使用 Console.WriteLine 语句观察每次迭代的中点和函数值,跟踪迭代过程。

```
bool fUpIsPositive = fUp > 0; // 记录 fUp 的正负值
while (up - low > 1e-10)
{
    next = (up + low) / 2;
    if (fUpIsPositive == f(next) > 0)
        up = next;
    else
        low = next;
    Console.WriteLine(next + " " + f(next));
    count++;
}
```

3. 不动点迭代法实现

添加 FixedPoint 类,定义 Iterate 方法,实现不动点迭代法。

设置迭代初值、精度要求以及最大迭代次数,使用 while 循环体,从初始猜测值开始,不断迭代以求解 $x = \varphi(x)$。

```
while (Math.Abs(x - xOld) > 1e-10)
{
    if (count >= maxCount)
        break;
    xOld = x;
    x = phi(x);
    count++;
}
```

4. 测试比较不同迭代方法的性能

在 FixedPoint 类中添加测试方法 Sample。以方程 $f(x) = x^3 + 4x^2 - 10$ 的求解为例,分别调用 Bisection.FindZero 方法和 FixedPoint 类中的 Iterate 方法进行求解,后者迭代函数取为 $\varphi(x) = \sqrt{10/(4+x)}$(前者迭代初始区间取为 $[1,2]$,后者迭代初始点取为 $x_0 = 0.1$)。运行程序,最终计算所得近似解为 1.3652。对比两种方法的迭代过程,如图 7-1 所示。二分法需要迭代 34 次,而不动点法仅需 13 次。

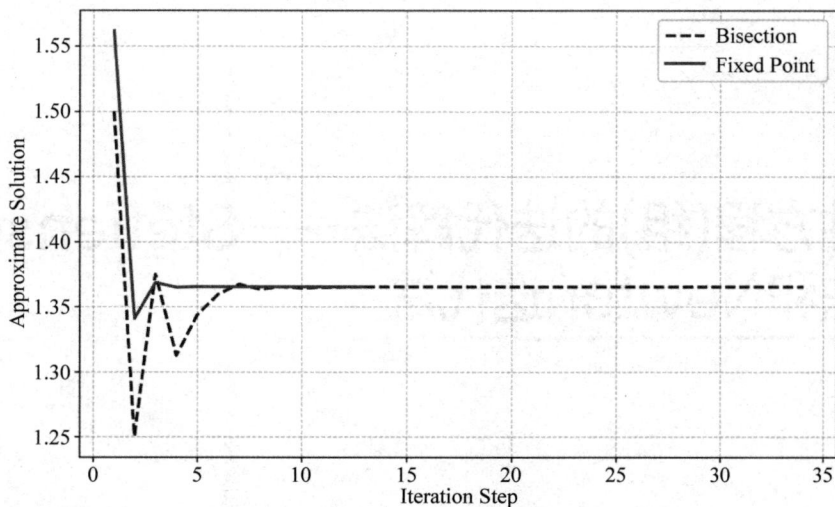

图 7-1　二分法与不动点迭代法性能对比

五、实验总结

　　本次实验中演示了如何将数学函数封装为委托并灵活调用。由上述实验可知，C♯中的委托具有较高的灵活性，能够方便地传递和调用不同的数学函数，也能使得代码更易模块化和更具可扩展性。

课后习题

　　请使用上述不同算法求解色散方程
$$0.5 = 10x \cdot \tanh(30x)$$
　　提示：求解的初始区间可取为$[0,1]$，可使用 C♯ 的 Math.Tanh 函数计算 $\tanh(\cdot)$。

实验八

非线性方程(组)的迭代解法——Steffensen 迭代法和Newton迭代法

一、实验目的

掌握 Steffensen 迭代法、基于割线法和不动点迭代法的 Newton 迭代法的基本原理及其收敛性。

二、实验原理

1. Steffensen 迭代法

Steffensen 迭代法是一种用于求解非线性方程 $f(x)=0$ 的加速迭代法,其基于 Aitken 加速原理对不动点迭代法进行改进,具有平方收敛性。在许多情形下,它的收敛速度比不动点迭代更快,特别是在迭代接近解的情况下。

(1) 计算步骤

① 将方程转化为不动点形式

将原方程 $f(x)=0$ 转化为形如 $x=\varphi(x)$ 的等价形式。

② 选择初始猜测值

设定一个初始值 x_0,通常是靠近预期解的一个估计。

③ 迭代公式

使用以下公式计算新的近似解:

$$\begin{cases} y_n=\varphi(x_n), \\ z_n=\varphi(y_n), \\ x_{n+1}=x_n-\dfrac{(y_n-x_n)^2}{z_n-2y_n+x_n}, \end{cases} \quad n=0,1,2,\cdots$$

④ 检查收敛条件

在每次迭代后,检查以下条件是否满足(满足任一条件即可停止迭代):

$|x_{n+1}-x_n|<\varepsilon$(解的变化量足够小),

$|\varphi(x_n)-x_n|<\varepsilon$(近似解足够接近不动点)。

⑤ 更新迭代

若未满足收敛条件,将 x_{n+1} 作为新的近似值,重复步骤③和④;当满足收敛条件时,输出 x_{n+1} 作为方程的近似解。

（2）收敛性

Steffensen 方法的收敛阶为二阶,即平方收敛。这意味着如果初始猜测值接近实际解,则每次迭代的误差将近似平方减少。然而,该方法的有效性依赖于函数 $f(x)$ 和初始值的选择,如果 $f(x)$ 的导数在解附近很小或发生变化,则可能会影响收敛效果。

（3）优缺点

优点:比标准的不动点迭代具有更快的收敛性,在根附近具有平方收敛性。适合于具有良好初始估计的情况。

缺点:要求函数连续且光滑,适用范围受限;如果函数的导数接近零或趋于无穷,可能导致不收敛。

2. Newton 迭代法

Newton 迭代法是求解非线性方程 $f(x)=0$ 的一种常用方法,可视为不动点迭代的一种特殊形式。

（1）计算步骤

① 选择初始猜测值

设定一个初始值 x_0,通常是靠近预期解的一个估计。

② 迭代公式

使用以下公式计算新的近似解:

$$x_{n+1}=x_n-\frac{f(x_n)}{f'(x_n)}, \quad n=0,1,2,\cdots$$

③ 检查收敛条件

在每次迭代后,检查以下条件是否满足(满足任一条件即可停止迭代):

$|x_{n+1}-x_n|<\varepsilon$(解的变化量足够小);

$|f(x_{n+1})|<\varepsilon$(近似解足够接近不动点)。

④ 更新迭代

若未满足收敛条件,将 x_{n+1} 作为新的近似值,重复步骤②和③;当满足收敛条件时,输出 x_{n+1} 作为方程的近似解。

（2）收敛性

Newton 迭代法的收敛通常较快,尤其是当迭代接近根时。如果初始值足够接近真实根,并且函数及其导数满足一定的条件(如连续性和可微性),Newton 迭代法通常表现出二阶收敛性。Newton 迭代法是局部收敛的,即它的收敛性受到初始值选取的影响。如果初始值过于不准确,迭代可能不会收敛,或者可能收敛到错误的根。

（3）优缺点

优点:快速收敛性,在理想情况下,Newton 迭代法可以非常快速地收敛到根;较好的自适应性,步长由函数的导数和函数值自动确定,不需预设。

缺点:需要计算函数的导数,会增加计算的复杂性,尤其是对于复杂的函数;对初始猜测值依赖性较强,会影响其收敛性以及收敛速度。

3. 非线性方程组求解

与一元非线性方程一样,可以构造非线性方程组的 Newton 迭代:

$$\boldsymbol{x}_{k+1} = \boldsymbol{x}_k - [\boldsymbol{F}'(\boldsymbol{x}_k)]^{-1} \boldsymbol{F}(\boldsymbol{x}_k), \quad n = 0, 1, 2, \cdots$$

其中 $\boldsymbol{x}_k \in \mathbb{R}^n$ 为迭代的解向量,$\boldsymbol{F}: D \subseteq \mathbb{R}^n \mapsto \mathbb{R}^n$ 为定义在 D 上的向量函数,$\boldsymbol{F}'$ 表示其导函数,即 Jacobi 矩阵。

若定义迭代增量

$$\Delta \boldsymbol{x} = - [\boldsymbol{F}'(\boldsymbol{x}_k)]^{-1} \boldsymbol{F}(\boldsymbol{x}_k)$$

则可通过求解线性方程组

$$\boldsymbol{F}'(\boldsymbol{x}_k) \Delta x = -\boldsymbol{F}(\boldsymbol{x}_k)$$

得到 $\Delta \boldsymbol{x}$,从而不断迭代更新。

三、实验内容

1. 实现 Steffensen 迭代法以及基于割线法的不动点迭代的 Newton 迭代法。
2. 对比不同迭代法的性能。
3. 实现非线性方程组的求解。

四、实验步骤

1. 实现基于 Aitken 加速的 Steffensen 迭代方法

在 FixedPoint 类中添加 Steffensen 方法。其与不动点迭代法的区别在于循环体,相关代码如下:

```
z = phi(y);
x = (x * z - y * y) / (z - 2 * y + x);
y = phi(x);
count++;
```

2. 实现基于不动点迭代法的 Newton 迭代

在 Nonlinear 文件夹下添加 NewtonIteration 类,定义 FindZero 方法实现 Newton 迭代。采用不动点迭代公式 $x = x - m \cdot f(x)/f_1(x)$,表示根据当前的 x 值和函数 f 及其导数 f_1 来更新 x 的值,代码如下:

```
public static double FindZero(UnaryFunction f, UnaryFunction f1,
double x0, double m = 1, int maxCount = 1000)
{
    return FixedPoint.Iterate(x => x - m * f(x) / f1(x), x0,
    maxCount);
}
```

3. 实现基于割线法的 Newton 迭代

在 NewtonIteration 类中,基于方法重载,根据割线法原理定义另一 FindZero 方法:先计算出割线的斜率,再根据割线法公式更新 x_1 的值,循环体代码如下:

```
public static double FindZero(UnaryFunction f, double x0, double x1,
int maxCount = 1000)
{
    double fx0 = f(x0), fx1 = f(x1), k;
    int count = 0;
    while (Math.Abs(x1 - x0) > 1e-10)
    {
        if (count >= maxCount)
            throw new Exception("未在指定迭代次数内收敛,割线法可能不收敛");
        k = (fx1 - fx0) / (x1 - x0);
        x0 = x1;
        fx0 = fx1;
        x1 -= fx1 / k;
        fx1 = f(x1);
        count++;
    }
return x1;
}
```

4. 对比不动点迭代法、Steffensen 迭代法和 Newton 迭代法

在 NewtonIteration 类中定义 Sample 方法,以开根号为例,分别调用 FixPoint.Iterate,FixPoint.Steffensen 和 NewtonIteration.FindZero 方法求解方程 $f(x)=1/x^2-2=0$ 的根。选择相同的迭代初值 $x_0=1$,运行程序,不动点法并不收敛,而另外两种方法所得结果均为 0.7071。对比这三种方法的迭代过程,如图 8-1 所示。

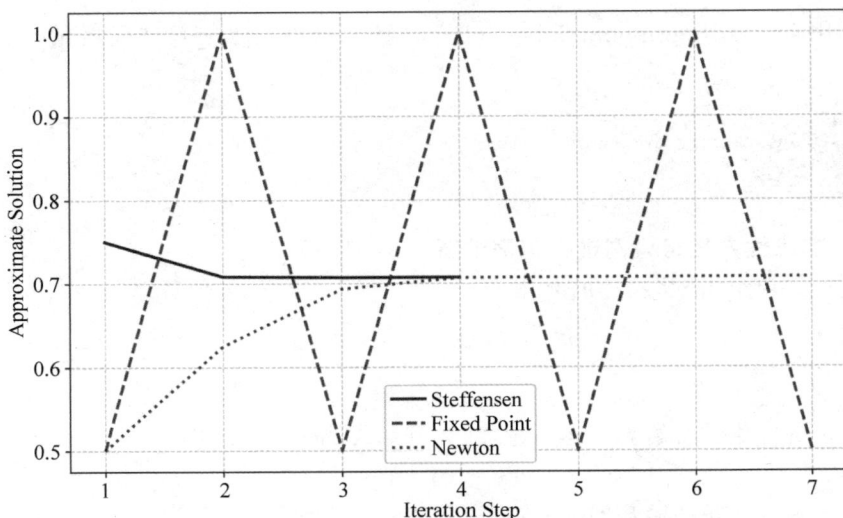

图 8-1　三种方法迭代过程对比

其中不动点迭代法直至设定最大迭代次数(1000)仍未收敛,在此作截断处理。而 Steffensen 迭代法进行 4 次迭代后即获得收敛的结果,Newton 迭代则需要 7 次。

5. 通过 Newton 迭代法进行非线性方程组求解

在 NewtonIteration 类中,基于方法重载,定义又一 FindZero 方法,实现非线性方程组求解:

```
public static double FindZero(BinaryFunction[ ] F, BinaryFunction[ ] f, Vector x0, int maxCount = 1000)
```

使用 while 循环进行迭代求解。使用 Norm.Two 方法来检查当前解向量 x 与旧解向量 xold 之间的 2-范数是否小于预设的阈值 1e-10,以此作为循环的终止条件表达式。

```
while (Norm.Two(x - xold) > 1e-10)
{
    if (count >= maxCount)
        break;
    xold = x;
        ...
}
```

在循环体中,嵌套 for 循环,逐元素计算目标函数值 Fvalue 和雅可比矩阵 fvalue。

```
for (int i = 0; i < fvalue.RowCount; i++)
{
    Fvalue[i] = F[i](x[0], x[1]);
    for (int j = 0; j < fvalue.ColumnCount; j++)
        fvalue[i, j] = f[i, j](x[0], x[1]);
}
```

然后调用 GaussElimination.Solve 方法,即列主元消去法求解迭代增量。更新向量 x 的代码如下:

```
deltaX = GaussElimination.Solve(fvalue, -1 * Fvalue);
x = x + deltaX;
```

6. 以一非线性方程组为例进行实例求解

该非线性方程组为 $\boldsymbol{F}(\boldsymbol{x}) = \boldsymbol{0}$,其中

$$\boldsymbol{F}(\boldsymbol{x}) = \begin{bmatrix} x_1^2 - 10x_1 + x_2^2 + 8 \\ x_2^2 x_1 + x_1 - 10x_2 + 8 \end{bmatrix}$$

调用 5 中定义的方法进行解算。运行程序,得到结果为

$$\boldsymbol{x} = \begin{bmatrix} 1 & 1 \end{bmatrix}^{\mathrm{T}}$$

求解过程中偏差的变化情况如图 8-2 所示。

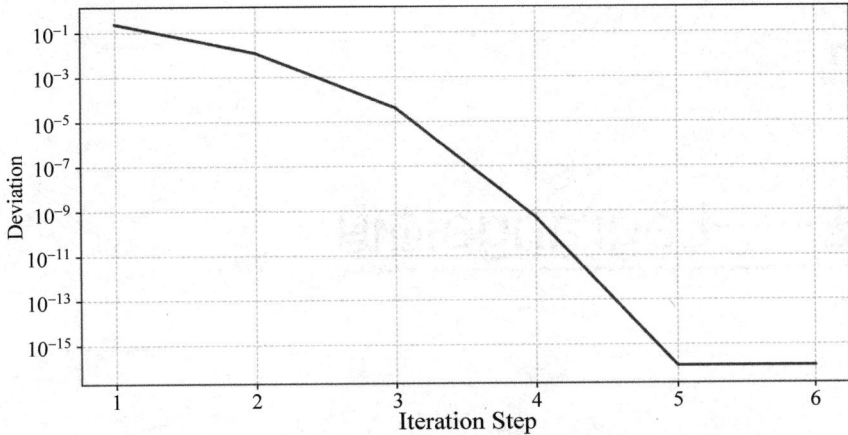

图 8-2　Newton 迭代法偏差变化过程

五、实验总结

由上述实验可知,Steffensen 迭代法和 Newton 迭代法的收敛速度较快,而割线法的收敛速度较慢。非线性方程组的 Newton 迭代法在求解多维问题时具有较高的精度,但计算量较大。

课后习题

在以下选项中能够收敛到 $\dfrac{1}{\sqrt{2}}$ 的迭代过程有(　　　)。

A. $\varphi(x)=\dfrac{1}{2x}$,常规不动点迭代法,迭代初值取 1.0

B. $\varphi(x)=\dfrac{1}{2x}$,Steffensen 迭代法,迭代初值取 1.0

C. $f(x)=x^2-0.5$,Newton 迭代法,迭代初值取 1.0

D. $f(x)=\dfrac{1}{x^2}-2$,Newton 迭代法,迭代初值取 1.0

E. $f(x)=\dfrac{1}{x^2}-2$,Newton 迭代法,迭代初值取 2.0

F. $f(x)=\dfrac{1}{x^2}-2$,割线法,迭代初值取 1.0 和 2.0

实验九

插值法——Lagrange插值

一、实验目的

了解 Lagrange 插值的基本原理并实现 Lagrange 插值,测试多项式插值。

二、实验原理

1. 插值问题

设已知区间 $[a,b]$ 上的实值函数 $f(x)$ 在 $n+1$ 个相异的节点 $x_0 < x_1 < \cdots < x_n$ 处有 $f(x_0), f(x_1), \cdots, f(x_n)$。寻找一个简单函数 φ,作为整个区间上 f 的近似,满足

$$\varphi(x_i) = f(x_i), \quad i = 0, 1, \cdots, n$$

$f(x)$ 称为被插值函数;$x_0, x_1, \cdots, x_n$ 称为插值节点,$[a,b]$ 为插值区间。本章节使用代数多项式函数作为插值函数:

$$p_n(x) = a_n x^n + a_{n-1} x^{n-1} + \cdots + a_1 x + a_0$$

2. Lagrange 插值

(1) 一次 Lagrange 插值多项式(线性插值)

已知两点 $x_0 < x_1$,函数取值 $f(x_0), f(x_1)$,即确定一个线性插值函数 $\varphi(x)$,满足

$$\varphi(x_0) = f(x_0), \quad \varphi(x_1) = f(x_1)$$

可推导出

$$\varphi(x) = f(x_0)\left(1 - \frac{x - x_0}{x_1 - x_0}\right) + f(x_1)\frac{x - x_0}{x_1 - x_0} = f(x_0)\frac{x - x_1}{x_0 - x_1} + f(x_1)\frac{x - x_0}{x_1 - x_0}$$

记:$l_0(x) = \dfrac{x - x_1}{x_0 - x_1}, l_1(x) = \dfrac{x - x_0}{x_1 - x_0}$ 为插值的基函数,则插值多项式可以写成

$$L_1(x) = f(x_0)l_0(x) + f(x_1)l_1(x)$$

(2) 二次 Lagrange 插值多项式(抛物线插值)

已知三点 $x_0 < x_1 < x_2$,函数取值 $f(x_0), f(x_1), f(x_2)$,确定一个二次插值函数 $L_2(x)$。

推导可得

$$L_2(x) = f(x_0)l_0(x) + f(x_1)l_1(x) + f(x_2)l_2(x)$$

其中基函数为

$$l_0(x) = \frac{(x-x_1)(x-x_2)}{(x_0-x_1)(x_0-x_2)} \ , \quad l_1(x) = \frac{(x-x_0)(x-x_2)}{(x_1-x_0)(x_1-x_2)} \ ,$$

$$l_2(x) = \frac{(x-x_0)(x-x_1)}{(x_2-x_0)(x_2-x_1)}$$

（3）n 次 Lagrange 插值多项式

推广至 n 次的插值多项式形式,已知 $n+1$ 个节点 $x_0 < x_1 < \cdots < x_i < \cdots < x_n$,对应 $f(x_0), f(x_1), \cdots, f(x_i), \cdots, f(x_n)$。

n 次 Lagrange 插值多项式为

$$L_n(x) = \sum_{i=0}^{n} f(x_i) l_i(x)$$

其中基函数为

$$l_i(x) = \frac{\displaystyle\prod_{j=0, j \neq i}^{n} (x-x_j)}{\displaystyle\prod_{j=0, j \neq i}^{n} (x_i-x_j)}$$

3. Polynomial 类设计

进行多项式插值时,若直接按原样编写对应的一元插值函数,将会存在重复(例如分母在每次调用 $L(x)$ 时都会求一遍)、计算信息被隐藏的问题(例如无法通过 $L(x)$ 对象知道多项式的次数等),因此将插值多项式转化为如下形式(以 $L_2(x)$ 为例):

$$L_2(x) = a_2 \cdot x^2 + a_1 \cdot x + a_0$$

Polynomial 类使用指南可扫描二维码,从 Polynomial.cs 中获取。

三、实验内容

1. 根据 Lagrange 插值原理,设计并实现 Lagrange 插值函数的生成算法,并在具体插值问题中进行测试。

2. 了解外插与内插的区别,并进行测试。

四、实验步骤

1. 添加 Lagrange 插值函数的生成方法

新建 Interpolation 文件夹,并在其中添加 LagrangeInterp 类。在 LagrangeInterp 类体中添加 GenPolynomial 方法。根据插值原理,该方法所需输入为插值节点及对应函数值,体现为其参数列表:

```
public static Polynomial GenPolynomial(Vector xs, Vector ys)
{
...}
```

基于双重循环，实现 Lagrange 多项式的构造，其中外层循环用于构造基函数，内层循环用于获取基函数的分子和分母：

```
Polynomial ans = new Polynomial();
for (int i = 0; i < xs.Length; i++)
{
    Polynomial up = new Polynomial(0);
    double low = 1;
    for (int j = 0; j < xs.Length; j++)
    {
        if (j != i)
        {
            up * = new Polynomial( - xs[j], 1);
            low * = xs[i] - xs[j];
        }
    }
    ans += ys[i] / low * up;
}
```

2. 在 LagrangeInterp 类体中添加具体插值样例进行测试

这一样例所要近似的目标函数为

$$f(x) = \frac{1}{1 + 25x^2}$$

求解的插值条件如表 9-1 所列。

表 9-1　插值条件

插值节点	-1	$-1+2/n$	$\cdots$	$-1+2(n-1)/n$	1
节点对应函数值	$f(-1)$	$f(-1+2/n)$	$\cdots$	$f[-1+2(n-1)/n]$	$f(1)$

选择适当观测节点，获得 Lagrange 插值多项式在该处的误差，从而可以判断插值的近似效果。

在 LagrangeInterp 类体中添加 Sample 方法对上述插值问题进行求解，并可改变 n 的值，测试不同插值条件对于 Lagrange 插值效果的影响。测试结果如图 9-1 所示。可见所取插值阶数过高并不一定会提升插值精度，可能出现龙格（Runge）现象。

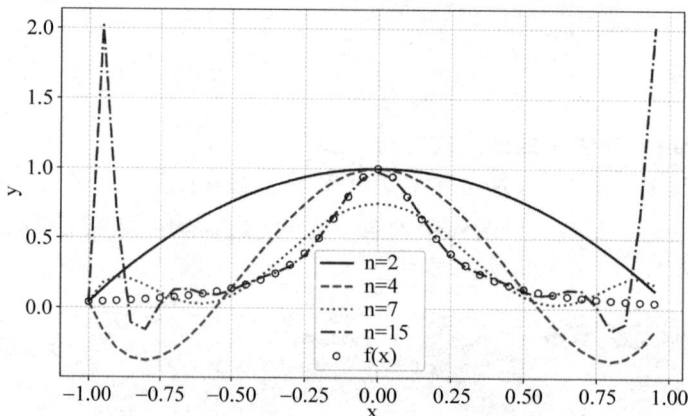

图 9-1　取不同插值节点数对插值效果的影响

3. 测试 Lagrange 多项式的外插效果

在上述插值样例中,选择插值区间外的节点进行观测,了解 Lagrange 多项式的外插效果。此处外插节点取为 $x = 2$。测试结果如表 9-2 所列,其中 $L(x)$ 表示对应的 Lagrange 插值多项式。

表 9-2　外插结果误差

n	$L(x_0) - f(x_0)$
2	2.856054
4	-36.93174
7	203.6182
15	1.074719E7

五、实验总结

节点数量 n 的选择对拉格朗日插值法的效果具有重要影响。当 n 较小时,插值多项式可能因节点不足而无法很好地逼近目标函数,导致插值精度较低;然而,当 n 较大时,虽然节点数量增加,但可能会出现 Runge 现象,即插值多项式在节点之间产生剧烈振荡,反而降低插值效果。因此,节点数量需要根据具体问题合理选择,以平衡逼近精度和稳定性。

就外插效果而言,当取绝对值较大的外插点时,高次项系数的小偏差很容易引起函数值的较大偏差,外插方法需要慎重使用。

此外,目标函数的选择也会显著影响拉格朗日插值法的效果。对于平滑的函数(如多项式、三角函数),拉格朗日插值法通常能够取得较好的逼近效果;然而,对于变化剧烈的函数(如分段函数或具有尖锐变化的函数),插值多项式可能无法准确反映函数的行为,导致插值效果不理想。因此,在实际应用中,大多采用分段低次插值。

课后习题

对函数 $f(x) = \sin x$ 在 $[0, 1]$ 上进行 Lagrange 插值,测试插值节点数的增加对于给定点 $x_0 = \sqrt{1/2}$ 处误差的影响。使误差界不超过 1E-4 的最少节点数是多少?

实验十

插值法——Newton插值和三次样条插值

一、实验目的

了解 Newton 插值和三次样条插值的基本原理并实现与测试两种插值。

二、实验原理

1. Newton 插值

Newton 插值公式以均差的形式表示。设函数 $f(x)$ 在 $n+1$ 个节点 $x_0, x_1, \cdots, x_n$ 取值 $f(x_0), f(x_1), \cdots, f(x_n)$。定义零阶均差、一阶均差、二阶均差、$j$ 阶均差如下。

零阶均差：$f[x_k] = f(x_k)$

一阶均差：$f[x_k, x_{k+1}] = \dfrac{f[x_{k+1}] - f[x_k]}{x_{k+1} - x_k}$

二阶均差：$f[x_k, x_{k+1}, x_{k+2}] = \dfrac{f[x_{k+1}, x_{k+2}] - f[x_k, x_{k+1}]}{x_{k+2} - x_k}$

j 阶均差：$f[x_k, x_{k+1}, \cdots, x_{k+j}] = \dfrac{f[x_{k+1}, \cdots, x_{k+j}] - f[x_k, \cdots, x_{k+j-1}]}{x_{k+j} - x_k}$

为了更好地理解均差表示形式,取 $k=0,1,2,3$,均差表如表 10-1 所列。

表 10-1　均差表

x_k	$f(x_k)$	一阶均差	二阶均差	三阶均差
x_0	$f[x_0]$			
x_1	$f[x_1]$	$f[x_0, x_1]$		
x_2	$f[x_2]$	$f[x_1, x_2]$	$f[x_0, x_1, x_2]$	
x_3	$f[x_3]$	$f[x_2, x_3]$	$f[x_1, x_2, x_3]$	$f[x_0, x_1, x_2, x_3]$

n 次 Newton 插值多项式由均差表示为

$$f(x) = f(x_0) + f[x_0, x_1](x - x_0) + f[x_0, x_1, x_2](x - x_0)(x - x_1) + \cdots + f[x_0, x_1, \cdots, x_n](x - x_0)(x - x_1) \cdots (x - x_{n-1})$$

2. 三次样条插值

插值问题中存在若干实际需求和困难：既希望一阶导数连续（需求），又不想给出所有节点的一阶导数（困难），同时希望尽量光滑，如二阶导数也连续（需求）。

根据以上需求与困难，提出三次样条插值。在节点处，三次样条插值需满足相邻多项式函数值相等、相邻多项式的一阶导数相等和相邻多项式的二阶导数相等三项条件，这些条件使得三次样条插值在节点处既光滑又不需要预先给定所有节点的一阶导数，满足了实际需求并克服了困难。三次样条函数的数学定义如下：

设在区间 $[a,b]$ 上的一个剖分：$\Delta: a = x_0 < x_1 < \cdots < x_n = b$，函数 $s(x)$ 满足：

(1) $s \in C^2[a,b]$；

(2) $s(x)$ 在 Δ 的每一个区间 $[x_k, x_{k+1}]$ 上都是三次多项式；

则称 $s(x)$ 为关于剖分 Δ 的一个三次样条函数。

三、实验内容

1. 设计并实现 Newton 插值函数的生成算法，并在具体插值问题中进行测试。
2. 设计并实现三次样条函数的生成算法，并在具体插值问题中进行测试。

四、实验步骤

1. 实现 Newton 插值方法

新建 Interpolation 文件夹，并在其中添加 NewtonInterp 类。在 NewtonInterp 类体中定义 GenPolynomial 方法。根据插值原理，该方法所需输入为插值节点及对应函数值，体现为其参数列表：

```
public static Polynomial GenPolynomial(Vector xs, Vector ys)
{
...}
```

基于双重循环，实现均差表的计算。diff 为二维数组，用于存储均差表。$\text{diff}[i,j]$ 表示第 i 阶，从 x_j 到 x_{j+i} 的均差。外层循环中，i 表示均差的阶数，从 1 阶到最高阶；内层循环中，j 表示当前阶数下，计算从 x_j 开始的均差。

```
double[,] diff = new double[xs.Length, xs.Length];
ys.CopyTo(diff);
for (int i = 1; i < xs.Length; i++)
{
    for (int j = 0; j < xs.Length - i; j++)
    {
        diff[i, j] = (diff[i - 1, j + 1] - diff[i - 1, j]) / (xs[j + i] - xs[j]);
    }
}
```

使用均差表,构造符合 Polynomial 类形式的 Newton 插值多项式。

```
Polynomial p = new Polynomial(0);
Polynomial ans = new Polynomial(ys[0]);
for (int i = 0; i < xs.Length − 1; i++)
{
    p *= new Polynomial(−xs[i], 1);
    ans += diff[i + 1, 0] * p;
}
```

2. 测试 Newton 插值方法

这一样例所要近似的目标函数为

$$f(x) = \frac{1}{1 + 25x^2}$$

求解的插值条件如表 10-2 所列。

表 10-2　插值条件

插值节点	−1	−1+2/n	⋯	−1+2(n−1)/n	1
节点对应函数值	$f(-1)$	$f(-1+2/n)$	⋯	$f[-1+2(n-1)/n]$	$f(1)$

选择适当观测节点,获得 Newton 插值多项式在该处的误差,从而可以判断插值的近似效果。在 NewtonInterp 类中添加 Sample 方法,调用 GenPolynomial 方法对上述插值问题进行求解。改变 n 的值,测试不同插值条件对效果的影响。测试结果如图 10-1 所示。

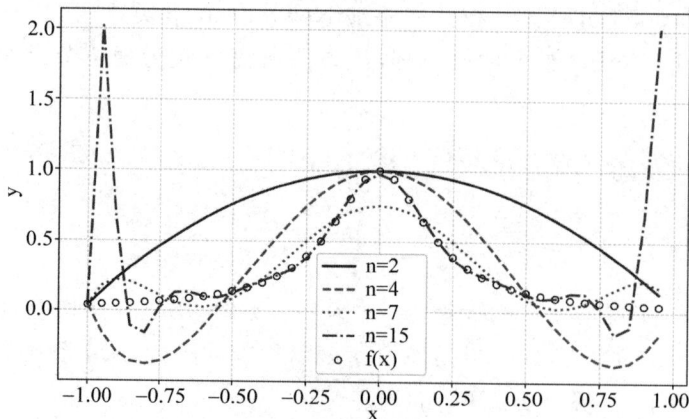

图 10-1　不同 n 取值下的 Newton 插值效果

为更好地了解 Newton 插值的效果,此处同时调用 Lagrange.GenPolynomial 方法进行对比。此处主要对插值多项式的系数进行比较,如图 10-2 所示。

这验证了两种插值方法获得的系数是相当一致的。

3. 实现三次样条插值

在 Interpolation 文件夹中添加 CubicSpline 类。在 CubicSpline 类中添加 GenPiecewise 方法。根据插值原理,该方法所需输入为插值节点及对应函数值,以及边界条件(此处采用 II

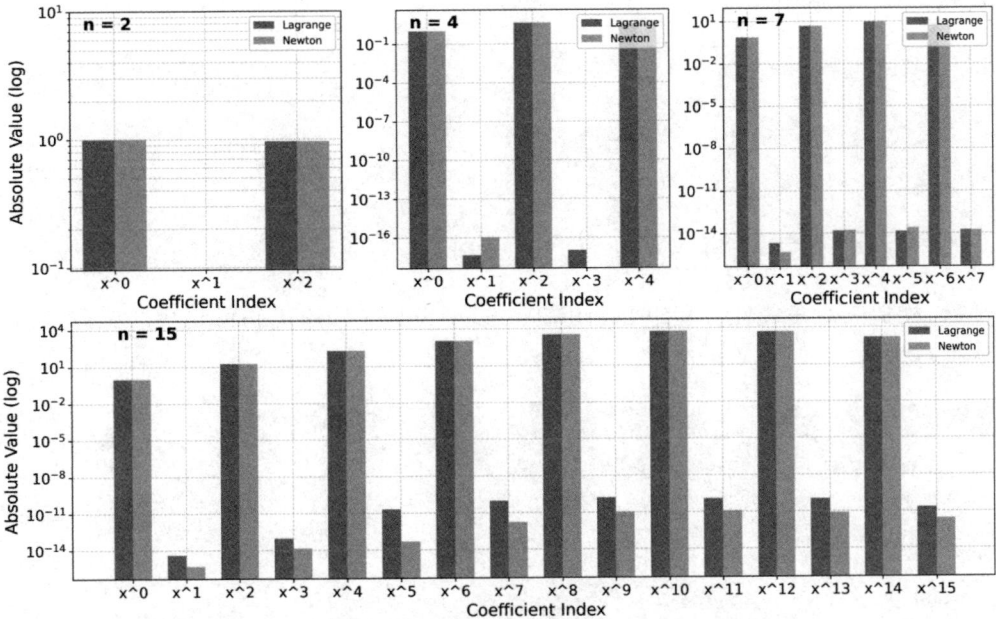

图 10-2　插值多项式系数对比

型边界条件),体现为其参数列表:

```
public static Polynomial[] GenPiecewise(Vector xs, Vector ys, double
M0 = 0, double Mn = 0)
{
...}
```

在三次样条插值中,通过求解三对角线性方程组来确定每个节点处的二阶导数 M_i,然后利用这些 M_i 构造分段三次多项式。首先计算均差,用于确定该方程组的系数矩阵。

```
Vector diff2 = ys.Copy();
for (int i = 0; i < n - 1; i++)
{
    diff2[i] = (diff2[i + 1] - diff2[i]) / (xs[i + 1] - xs[i]);
}
for (int i = 0; i < n - 2; i++)
{
    diff2[i] = (diff2[i + 1] - diff2[i]) / (xs[i + 2] - xs[i]);
}
```

初始化二阶导数 M,其中 M_0 与 M_{n-1} 由函数参数给出,余下 $n-2$ 个二阶导数待求(此处的变量 n 指的是插值节点个数)。

```
Vector M = new Vector(n);
M[0] = M0;
M[n - 1] = Mn;
```

计算权重 mu 和 lmd。

```
Vector mu = new Vector(n - 2);
for (int i = 0; i < mu.Length; i++)
{
    mu[i] = h[i] / (h[i] + h[i + 1]);
}
Vector lmd = mu.Mapping(x => 1 - x);
```

随后,构造三对角线性方程组并调用 Thomas.Solve(具体代码可扫描二维码获取),即追赶法进行求解。

```
Vector diag = new Vector(n - 2, true) * 2;
Vector upDiag = lmd.SubVector(0, lmd.Length - 1);
Vector lowDiag = mu.SubVector(1, mu.Length);
Vector b = 6 * diff2.SubVector(0, n - 2);
b[0] -= mu[0] * M[0];
b[b.Length - 1] -= lmd[lmd.Length - 1] * M[M.Length - 1];
Vector M2 = Thomas.Solve(lowDiag, diag, upDiag, b);
M2.CopyTo(M, 1);
```

对于每个区间$[x_i, x_{i+1}]$构造一个三次多项式:

$$
\begin{aligned}
s(x) &= M_i \frac{(x_{i+1} - x)^3}{6h_i} - M_{i+1} \frac{(x_i - x)^3}{6h_i} + \left(f(x_i) - \frac{M_i h_i^2}{6}\right) \frac{x_{i+1} - x}{h_i} - \\
&\quad \left(f(x_{i+1}) - \frac{M_{i+1} h_i^2}{6}\right) \frac{x_1 - x}{h_i} \\
&= \frac{1}{h_i}\left[\frac{M_i(x_{i+1} - x)^3 - M_{i+1}(x_i - x)^3}{6} + \left(f(x_i) - \frac{M_i h_i^2}{6}\right)(x_{i+1} - x) - \right. \\
&\quad \left. \left(f(x_{i+1}) - \frac{M_{i+1} h_i^2}{6}\right)(x_i - x)\right]
\end{aligned}
$$

```
Polynomial[] ans = new Polynomial[n - 1];
for (int i = 0; i < ans.Length; i++)
{
    Polynomial p1 = new Polynomial(xs[i], -1), p13 = p1 * p1 * p1,
        p2 = new Polynomial(xs[i + 1], -1), p23 = p2 * p2 * p2;
    ans[i] = (M[i] * p23 - M[i + 1] * p13) / 6
        + (ys[i] - M[i] * h[i] * h[i] / 6) * p2 -
        (ys[i + 1] - M[i + 1] * h[i] * h[i] / 6) * p1;
    ans[i] /= h[i];
}
```

进一步地,在 CubicSpline 类中添加 PiecewiseAsFunc 方法,生成分段多项式(多项式数组)对应的分段函数。

```
public static UnaryFunction PiecewiseAsFunc(Vector xs, Polynomial[]
piecewise)
{
    return x =>
    {
        int dex = 0;
        while (dex + 1 < xs.Length - 1 && x >= xs[dex + 1])
        {
            dex++;
        }
        return piecewise[dex].AsFunction(x);
    };
}
```

4. 测试三次样条插值方法

这一样例给定插值条件如表 10-3 所列。

表 10-3　插值条件

x	0.9	1.3	1.9	2.1	2.6	3.0	3.9	4.4	4.7	5.0	6.0
$f(x)$	1.3	1.5	1.85	2.1	2.6	2.7	2.4	2.15	2.05	2.1	2.25
x	7.0	8.0	9.2	10.5	11.3	11.6	12.0	12.6	13.0	13.3	
$f(x)$	2.3	2.25	1.95	1.4	0.9	0.7	0.6	0.5	0.4	0.25	

选择 $[0.9,13.3]$ 区间上，间隔为 0.1 的 125 个点作为观测节点。在 CubicSpline 方法中添加 Sample 方法，调用 GenPiecewise 和 PiecewiseAsFunc 方法计算上述插值问题。同时调用 LagrangeInterp. GenPolynomial 方法进行对比。获得结果如图 10-3 所示。

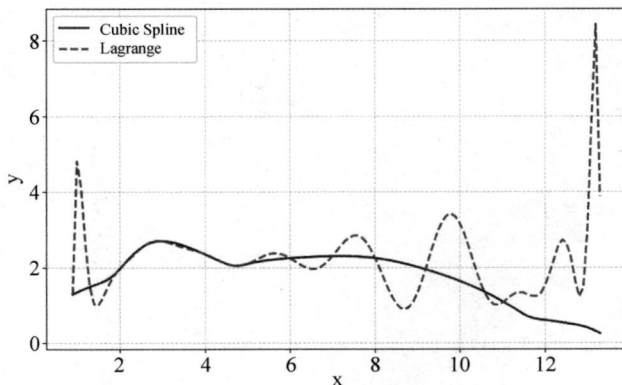

图 10-3　三次样条插值与 Lagrange 插值结果对比

五、实验总结

Newton 插值法在节点选择和计算效率方面具有优势，但与拉格朗日插值法一样，对节点数量和目标函数的行为很敏感。当 n 较小时，可能会出现精度不足，当 n 较大时，可能会出现振荡(类似于 Runge 现象)。对于平滑函数,Newton 插值法可以实现高精度,但对于不规则函数需要更多的节点以提高准确性。

三次样条插值通过使用分段多项式,提供了更好的灵活性和稳定性,尤其是在处理需要更细致建模的函数时。当 n 较小时,依然可以提供灵活的近似,当 n 较大时,精度进一步提高而不会出现高次多项式的不稳定性。对于平滑函数,能够实现高精度且保持平滑性。对于不规则函数,相对于全局多项式插值,能够更有效地处理尖锐变化。

课后习题

基于下列条件:

(1) $x = [0,1,2,3]$,　　　　　(2) $y = [0,0.5,2.0,1.5]$,

(3) $f''(x_3) = 3.3$,　　　　　(4) $f''(x_0) = -0.3$

调用 CubicSpline 类中的方法,获得其三次样条函数,并输出下列结果:

(1) 请给出通过三次样条插值方法得到的第一段多项式;

* 直接输出 Polynomial 即可,无需转化为 UnaryFunction

(2) 请给出该多项式在 0 和 1 处的一阶导数、二阶导数和三阶导数值。

* 调用 Polynomial 类的 Derivative 方法

实验十一

函数逼近——最小二乘法

一、实验目的

了解最小二乘法的基本原理,实现线性最小二乘拟合与一元多项式回归。

二、实验原理

1. 函数逼近

在函数空间 Φ 中,寻找一个元素 $v^* \in \Phi$,使得 $f(x) - v^*(x)$ 在某种意义上最小,$f(x)$ 为目标函数。

2. 最小二乘法

如果函数 f 在若干个点 $a \leqslant x_0 < x_1 < \cdots < x_m \leqslant b$ 上给出值 $y_i(i=0,1,\cdots,m)$,或者说,将 f 看作一离散函数,此时找到一个 $s^* \in \Phi$ 使得

$$\| f - s^*(x) \|_2^2 = \min \| f - s(x) \|_2^2 = \min \sum_{i=0}^{m} \rho(x_i)[y_i - s(x_i)]^2$$

称 s^* 为最小二乘曲线拟合,其中 ρ 为离散加权函数。

取线性无关的一组函数 $v_0(x),v_1(x),\cdots,v_n(x)$,令 $s(x) \in \Phi = \text{span}\{v_0(x),v_1(x),\cdots,v_n(x)\}$,即

$$s(x) = \sum_{j=0}^{n} a_j v_j(x)$$

设

$$F(a_0,a_1,\cdots,a_n) = \sum_{i=0}^{m} \rho(x_i)\left[y_i - \sum_{j=0}^{n} a_j v_j(x_i)\right]^2$$

可知,F 是一个关于多项式系数的多元函数。为求其极值,令

$$\frac{\partial F}{\partial a_i} = 0, \quad i=0,1,\cdots,n$$

展开成矩阵形式

$$
\begin{bmatrix}
(v_0,v_0) & (v_0,v_1) & \cdots & (v_0,v_n) \\
(v_1,v_0) & (v_1,v_1) & \cdots & (v_1,v_n) \\
\vdots & \vdots & & \vdots \\
(v_n,v_0) & (v_n,v_1) & \cdots & (v_n,v_n)
\end{bmatrix}
\begin{bmatrix}
a_0 \\ a_1 \\ \vdots \\ a_n
\end{bmatrix}
=
\begin{bmatrix}
(f,v_0) \\ (f,v_1) \\ \vdots \\ (f,v_n)
\end{bmatrix}
$$

其中

$$
(v_k,v_l) = \sum_{j=0}^{m} \rho(x_j) v_k(x_j) v_l(x_j)
$$

$$
(f,v_l) = \sum_{j=0}^{m} \rho(x_j) y_j v_l(x_j)
$$

如果该方程的系数矩阵非奇异，可以解出唯一解 s^* 。

若取 $\rho \equiv 1$，$\Phi = \mathrm{span}\{1,x,x^2,\cdots,x^n\}$，可得矩阵形式如下：

$$
\begin{bmatrix}
(1,1) & (1,x) & \cdots & (1,x^n) \\
(x,1) & (x,x) & \cdots & (x,x^n) \\
\vdots & \vdots & & \vdots \\
(x^n,1) & (x^n,x) & \cdots & (x^n,x^n)
\end{bmatrix}
\begin{bmatrix}
a_0 \\ a_1 \\ \vdots \\ a_n
\end{bmatrix}
=
\begin{bmatrix}
(f,1) \\ (f,x) \\ \vdots \\ (f,x^n)
\end{bmatrix}
$$

三、实验内容

1. 根据最小二乘原理，设计并实现线性最小二乘拟合的生成算法。

2. 考虑基函数是否是正交多项式，设计两种一元多项式回归方法，并进行测试对比。

四、实验步骤

1. 实现线性最小二乘拟合

新建 Approximation 文件夹，并在其中添加 LeastSquare 类。在 LeastSquare 类中添加 LinearFit 方法。根据最小二乘原理，该方法用一组基向量 $[Y_1,Y_2,\cdots,Y_n]$ 的线性组合拟合目标向量 Y，输出各向量的系数 $[a_1,a_2,\cdots,a_n]$，使 $Y^* = a_1 Y_1 + a_2 Y_2 + \cdots + a_n Y_n$ 满足 $\| Y^* - Y \|_2$ 最小。其参数列表为：

```
public static Vector LinearFit(Vector targetY, params Vector[]
baseYs)
{
...}
```

基于双重循环，构造线性方程组的系数矩阵 A 和常数向量 b，并调用 GaussElimination .Solve 方法（Gauss 消去法）进行方程组求解，获得系数向量。

```
for (int i = 0; i < baseYs.Length; i++)
{
```

```
    for (int j = 0; j < i; j++)
    {
        A[i, j] = baseYs[i] * baseYs[j];
        A[j, i] = A[i, j];
    }
    A[i, i] = baseYs[i] * baseYs[i];
    b[i] = targetY * baseYs[i];
}
Vector ans = GaussElimination.Solve(A, b);
```

2. 实现第一种一元多项式回归方法

在 LeastSquare 类中添加 PolynomialRegression 方法。该方法根据基函数 $[1, x, \cdots, x^n]$ 构造对应的基向量 $[Y_1, Y_2, \cdots, Y_n]$。

```
Vector[] baseYs = new Vector[degree + 1];
baseYs[0] = new Vector(xs.Length, true);
for (int i = 1; i <= degree; i++)
{
    baseYs[i] = baseYs[i - 1].Multiply(xs);
}
```

进而调用 LinearFit 方法，求出各基向量的系数，即为多项式系数。

```
Vector factors = LinearFit(ys, baseYs);
```

3. 实现第二种一元多项式回归方法

考虑到最小二乘法得到的法方程一般是病态的，可以进一步考虑使用一组正交多项式作为基函数，此时待求解的系数矩阵是对角阵。在 Approximation 类中添加 PolynomialRegression2 方法。使用 for 循环逐一计算基向量及其系数。

```
for (int i = 1; i <= degree; i++)
{
    Yk = xs.Mapping(ps[i - 1].AsFunction);
    oldDot = dot;
    dot = Yk * Yk;
    ans += ys * Yk / dot * ps[i - 1];
    alpha = Yk.Multiply(xs) * Yk / dot;
    if (i == 1)
    {
        ps[i] = new Polynomial(-alpha, 1) * ps[i - 1];
    }
    else
    {
        beta = dot / oldDot;
        ps[i] = new Polynomial(-alpha, 1) * ps[i - 1] - beta *
            ps[i - 2];
    }
}
Yk = xs.Mapping(ps[degree].ToFunction());
ans += ys * Yk / (Yk * Yk) * ps[degree];
```

```
Vector predictY = xs.Mapping(ans.AsFunction);
Console.WriteLine("拟合误差: " + Norm.Two(predictY - ys));
```

4. 测试对比两种回归方法

所要近似的目标函数为（添加了微小扰动项）：

$$f(x) = \sinh x + 0.1\sin(1000x)$$

在 LeastSquare 类中添加 Sample 方法，生成 0～2 之间的 n 个点，用于进行函数逼近：

```
int n = 100;
Vector xs = Vector.Range(n) / n * 2;
Vector ys = xs.Mapping(f);
```

分别调用 PolynomialRegression 方法和 PolynomialRegression2 方法进行计算。同时改变 degree 的值，测试其对于向量逼近与正交多项式拟合效果的影响。测试结果如图 11-1 所示。

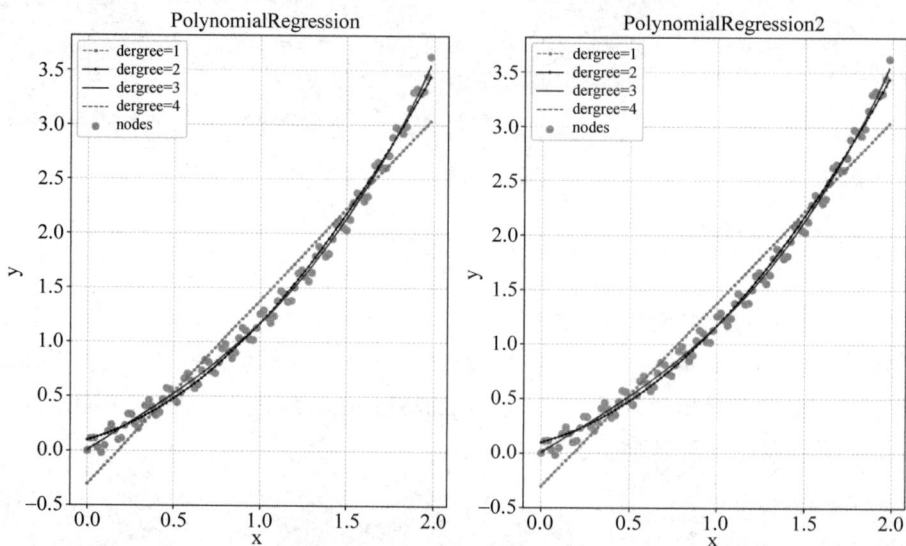

图 11-1 不同 degree 下的拟合效果

其中 degree≥3 时的曲线几乎完全重合。

对比不同 degree 取值下的拟合误差，如图 11-2 所示。

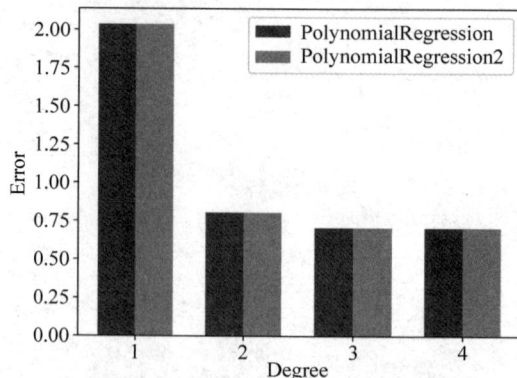

图 11-2 不同 degree 取值下的拟合误差

五、实验总结

当增加拟合多项式的次数，拟合误差逐渐减小，当次数足够大时，多项式将经过每一个拟合点，成为多项式插值法。此外，在上述测试中观察到，采用正交多项式方法的误差与向量逼近非常接近。

课后习题

用 $s(x)=a_0 x+a_1 e^x+a_2 x e^x$ 逼近目标函数

$$f(x)=x^3+0.1\sin(1000x)$$

即 $v_0(x)=x, v_1(x)=e^x, v_2(x)=x e^x$，输出误差及组合系数。

实验十二

数值积分——Newton-Cotes求积公式、复合求积公式、Romberg求积公式

一、实验目的

了解 Newton-Cotes 求积公式、复合求积公式、Romberg 求积公式的基本原理,实现求积方法。

二、实验原理

1. Newton-Cotes 求积公式

Newton-Cotes 求积公式是数值积分中的一类方法,用于通过逼近积分区间上的函数来计算定积分。该方法将被积函数在一个小区间内用多项式进行近似,进而计算积分值。将 $[a,b]$ 用 $n+1$ 个节点等分成 n 份,记 $h=(b-a)/n$,则各节点可表示为

$$x_k = a + kh, \quad k = 0, 1, 2, \cdots, n$$

Newton-Cotes 求积公式表达式为

$$\int_a^b f(x)\mathrm{d}x \approx \sum_{k=0}^n A_k^{(n)} f(x_k) = (b-a) \sum_{k=0}^n C_k^{(n)} f(x_k)$$

其中,Cotes 求积系数为

$$C_k^{(n)} = \frac{A_k^{(n)}}{b-a} = \frac{(-1)^{n-k}}{k!(n-k)!} \frac{1}{n} \int_0^n \prod_{j=0, j \neq k}^n (t-j)\mathrm{d}t$$

性质如下:

(1) Cotes 求积系数 $C_k^{(n)}$ 不仅和 $f(x)$ 无关,和 $[a,b]$ 区间也无关,仅和阶数 n 有关。

(2) Cotes 求积系数是对称的,即

$$C_k^{(n)} = C_{n-k}^{(n)}, \quad k = 0, 1, \cdots, \left[\frac{n}{2}\right]$$

其中,$[\ ]$ 表示取整函数。

(3) Cotes 求积系数和为 1,即

$$\sum_{k=0}^n C_k^{(n)} = 1$$

2. 复合求积公式

随着次数的增加,理论的代数精度会提升,但是过高阶的求积也会面临数值稳定性问题,因此考虑分段低次求积。复合求积公式是数值积分的一种方法,它通过将积分区间分割为多个子区间,在每个子区间上应用简单的求积公式,最后将各个子区间的结果加权求和,从而得到整个区间的积分值。复合求积方法的主要优势是提高了计算精度,尤其在被积函数变化较大的情况下。

(1) 复合求积公式——梯形公式

将区间 $[a,b]$ 分为 n 等份,$x_k = a + kh$,$h = \dfrac{b-a}{n}$,$k = 0,1,\cdots,n$,在每一个子区间 $[x_{k-1},x_k]$ 用梯形公式进行计算:

$$\int_a^b f(x)\mathrm{d}x \approx T_n(f) = \frac{h}{2}\sum_{k=1}^n [f(x_{k-1}) + f(x_k)] = \frac{h}{2}\left[f(a) + 2\sum_{k=1}^{n-1} f(x_k) + f(b)\right]$$

为了更加精确地计算,还可以在 $[x_{k-1},x_k]$ 之间增加 $x_{k-\frac{1}{2}}$。

使用梯形公式计算:

$$T_{2n}(f) = \frac{1}{2}\left[T_n(f) + h\sum_{k=1}^n f\left(x_{k-\frac{1}{2}}\right)\right]$$

(2) 复合求积公式——Simpson 公式

将区间 $[a,b]$ 分为 n 等份,$x_k = a + kh$,$h = \dfrac{b-a}{n}$,$k = 0,1,\cdots,n$,在每一个子区间 $[x_{k-1},x_k]$ 用 Simpson 公式进行计算:

$$\int_a^b f(x)\mathrm{d}x = \sum_{k=1}^n \int_{x_{k-1}}^{x_k} f(x)\mathrm{d}x = \frac{h}{6}\sum_{k=1}^n \left[f(x_{k-1}) + 4f\left(x_{k-\frac{1}{2}}\right) + f(x_k)\right] + \widetilde{E}_n(f)$$

同样可以得到

$$S_n(f) = \frac{h}{6}\left[f(a) + 4\sum_{k=1}^n f\left(x_{k-\frac{1}{2}}\right) + 2\sum_{k=1}^{n-1} f(x_k) + f(b)\right]$$

3. Romberg 求积公式

Romberg 求积是一种递归方法。这一方法通过递归方式(即用更细的子区间计算积分),结合不同精度阶次的梯形法计算结果,提高整体积分精度。步骤如下:

(1) 初始化

$$h = \frac{b-a}{2^0}, \quad T(0,0) = \frac{h}{2}[f(a) + f(b)]$$

(2) 将区间半分

$$T(1,0) = T\left(\frac{b-a}{2}\right) = \frac{h}{2}\left[f(a) + 2f\left(\frac{a+b}{2}\right) + f(b)\right]$$

$$T(1,0) = \frac{4T(1,0) - T(0,0)}{3}$$

(3) 外推

$|T(i,j) - T(j-1,j-1)| > \varepsilon$ 时,$j+1 \rightarrow j$

$$T(j,0) = T\left(\frac{b-a}{2^j}\right) = \frac{h}{2}\left[f(a) + 2\sum_{k=1}^{2^j-1} f(x_k) + f(b)\right]$$

$$T(j,k) = \frac{4^k T(j,k-1) - T(j-1,k-1)}{4^k - 1}, \quad k = 1,2,\cdots,j$$

三、实验内容

1. 根据求积公式基本原理，实现 Newton-Cotes 求积公式、复合求积公式、Romberg 求积公式的生成算法。

2. 基于计算实例进行求积方法对比。

四、实验步骤

1. 实现 Newton-Cotes 求积公式

新建 Integral 文件夹，在其中添加 NewtonCotes 类。在 NewtonCotes 类中定义 Integral 方法。该方法采用闭型 Newton-Cotes 求积公式计算积分，需要指定求积函数，求积上下限与指定插值多项式的次数，体现为其参数列表：

```
public static double Integral(UnaryFunction f, double low, double
up, int degree = 1)
{
...}
```

使用 if 语句对 degree 进行判断，从而返回不同多项式次数下的计算结果，并在 degree 超过 8 时弹出"Newton-Cotes 求积公式不稳定，不宜采用！"。

```
if (degree == 0)
{
    return (up - low) * f(low);
}
else if (degree == 1)
{
    return (up - low) * (f(low) + f(up)) / 2;
}
else if (degree == 2)
{
    return (up - low) * (f(low) + 4 * f((low + up) / 2) + f(up)) / 6;
}
...
else if (degree == 8)
{
    double h = (up - low) / 8;
    return (up - low) / 28350 * (989 * f(low) + 5888 * f(low + h)
        - 928 * f(low + 2 * h) + 10496 * f(low + 3 * h)
```

```
          -  4540 * f((low + up) / 2) + 10496 * f(up - 3 * h)
          -  928 * f(up - 2 * h) + 5888 * f(up - h) + 989 * f(up));
}
else
    throw new Exception("次数超过 7 时,Newton - Cotes 求积公式不稳定,不宜采用!");
```

2. 实现复合求积公式

在 Integral 文件夹中添加 CompositeIntegral 类,在其中添加梯形求积公式和 Simpson 求积公式求解复合求积公式的生成方法,即 Trapezoid 方法和 Simpson 方法。

以 Trapezoid 方法为例,除了求积函数,求积上下限与指定插值多项式的次数,还需指定其子区间数。体现为其参数列表:

```
public static double Trapezoid(UnaryFunction f, double low, double
up, int n = 1000)
{
...}
```

使用 for 循环,在各子区间逐一计算并累加。

```
for (int i = 1; i < n; i++)
{
    x += h;
    ans += f(x);
}
ans += f(low) / 2 + f(up) / 2;
ans *= h;
```

3. 实现 Romberg 求积公式

在 Integral 文件夹添加 Romberg 类,其中定义 Integral 方法。Romberg 求积公式特点在于其外推部分。除了求积函数,求积上下限,还需指定最大外推次数与误差限。体现为其参数列表:

```
public static double Integral(UnaryFunction f, double low, double
up, double limit = 1e - 10, int maxcount = 15)
{
...}
```

使用 while 循环,当误差不符合要求时进行逐层外推。嵌套 for 循环,使用当前外推层级的前一个结果和前一个外推层级的前一个结果获得当前外推层级的当前结果。

```
int n = 1;
double error = double.PositiveInfinity, minError = error;
int count = 0, minErrorCount = - 1;
Vector Ts = new Vector(NewtonCotes.Trapezoid(f, low, up)), oldTs;
while (error > limit)
{
```

```
count++;
n *= 2;
oldTs = Ts;
Ts = new Vector(count + 1);
Ts[0] = CompositeIntegral.Trapezoid(f, low, up, n);
for (int i = 1; i <= count; i++)
{
    double beta = Math.Pow(4, i);
    Ts[i] = (beta * Ts[i - 1] - oldTs[i - 1]) / (beta - 1);
}
error = Math.Abs(Ts[count] - oldTs[count - 1]);
if (error < minError)
{
    minError = error;
    minErrorCount = count;
}
}
```

4. 求积方法对比

原函数 $I(x)$ 与对应待积函数 $f(x)$ 为

$$I(x) = \frac{1}{\omega}\sin(\omega x), \quad f(x) = \cos(\omega x)$$

在 Romberg 类中添加 Sample 方法，分别调用 NewtonCotes.Integral，CompositeIntegral.Trapezoid，Romberg.Integral 方法进行测试（参数设置分别为 degree＝1，n＝1 及默认参数）。同时基于原函数给出对应的误差。测试结果如图 12-1 所示。

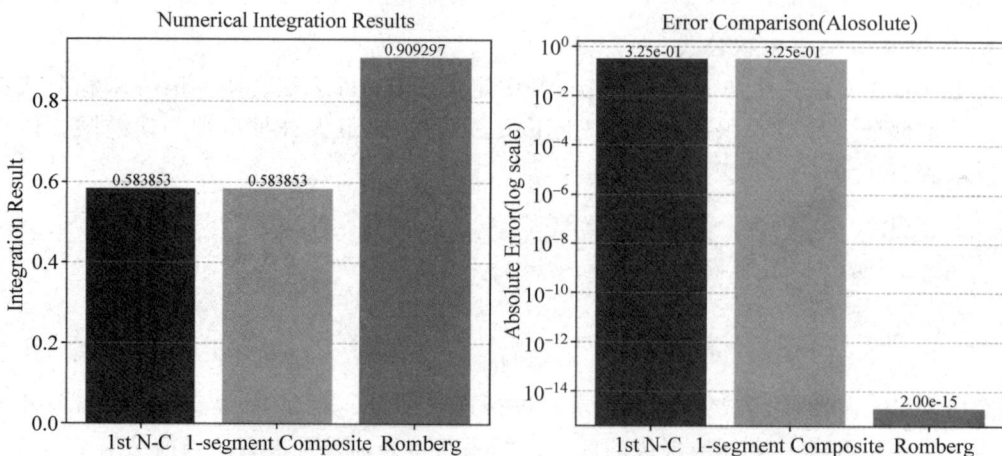

图 12-1 各类数值求积方法结果及误差对比

可以发现，1 次 Newton-Cotes 求积和 1 次复合梯形公式求积本质上都是梯形求积，所得结果一致。Romberg 求积根据误差限值确定外推次数，此处需要进行 5 次外推，相当于划分 32 个子区间。

进一步地，提高 Newton-Cotes 求积公式的次数，误差变化如图 12-2 所示。

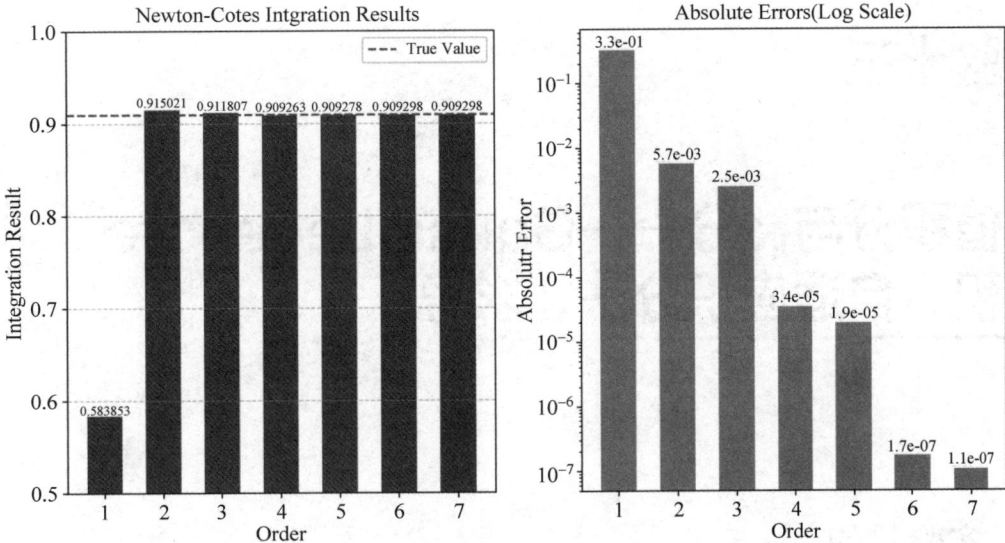

图 12-2　**Newton-Cotes** 求积结果及误差随次数的变化

可以发现 2 次与 3 次/4 次与 5 次/6 次与 7 次求积公式相比,计算结果误差相近,可以认为具有相同的代数精度,而将 3 次与 4 次/5 次与 6 次进行比较,可以发现明显改进。

五、实验总结

提高 Newton-Cotes 求积公式的次数,可发现 $2k$ 次与 $2k+1$ 次求积公式具有相同的代数精度,两者的误差相近,而 $2k+2$ 次则要改进很多。

此外,当多项式插值不能很好地还原被积函数时,采用 Newton-Cotes 公式会产生较大的误差;复合求积相对稳定,但需确定合适的区间划分数。

课后习题

1. 改变划分区间数可以改变复合求积精度。在上例中使用梯形公式进行复合求积,至少需要划分几个区间可以将误差控制在 10^{-10} 以内?

2. 如果改用 Simpson 公式进行复合求积,则至少需要划分几个区间可以将误差控制在 10^{-10} 以内?

实验十三

数值积分与微分——Gauss-Legendre 求积、自适应积分法、求导

一、实验目的

了解 Gauss-Legendre 求积公式、自适应积分法、插值求导的基本原理，并实现对应方法。

二、实验原理

1. Gauss-Legendre 求积公式

Gauss 型求积公式：若 $n+1$ 个节点的插值求积公式具有最高 $2n+1$ 的代数精度，则称这种求积为 Gauss 型求积公式，插值节点 $x_0, x_1, \cdots, x_n$ 称为 Gauss 点。

Gauss 型求积公式中插值节点需满足条件，即为求积区间上，权函数为 $\rho(x)$ 的 $n+1$ 次正交多项式的零点。因此，Gauss 型求积公式的求积系数 $A_k, k=0,1,\cdots,n$ 只与阶数有关，而与被积函数和积分区间无关（此处认为可以先行对积分区间进行线性变换）。因此，可以提前计算得出各阶对应的求积系数，存入表中，以供直接计算使用。

2. 自适应积分法

被积函数在不同区间的变化趋势可能有很大差异，此时若仍沿用均匀划分，则无法适应被积函数的特点。自适应积分法，即变步长的复合梯形或复合 Simpson 方法，则用于应对这种情况。该方法思路如图 13-1 所示。

考虑 Simpson 求积公式的误差

$$e_1 = I(f) - I_1(f) = -\frac{(b-a)^5}{2880} f^{(4)}(\xi)$$

以及 2 等分复合 Simpson 求积公式的误差

$$e_2 = I(f) - I_2(f) = -\frac{b-a}{2880} h^4 f^{(4)}(\eta) = -\frac{1}{16} \cdot \frac{(b-a)^5}{2880} f^{(4)}(\eta)$$

假定 $f^{(4)}(\xi) \approx f^{(4)}(\eta)$，则 $e_1 \approx 16 e_2$，即

$$e_2 \approx \frac{e_1 - e_2}{15} = \frac{I_2 - I_1}{15}$$

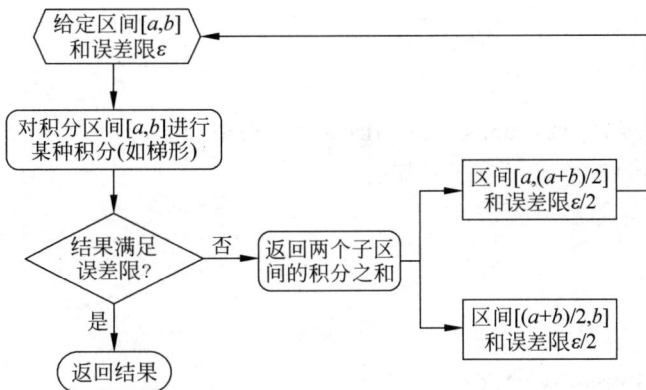

图 13-1　自适应积分原理

可以用两积分之差近似表示 e_2。

因此,在图 13-1 所示算法中,可考虑 2 等分复合 Simpson 积分。若 $|I_2-I_1|<15\varepsilon$ 时,可认为 $|e_2|<\varepsilon$(偏保守可取条件 $|I_2-I_1|<10\varepsilon$),输出结果;若不满足条件,则继续对区间进行细分计算。

3. 插值求导

为了使用 Taylor 展开来构造数值微分并计算函数 $f(x)$ 在 x_0 处的导数,我们可以利用函数在 x_0 附近的 Taylor 级数展开。Taylor 展开的基本思想是将函数在某一点附近表示为一个多项式,这个多项式的系数与函数在该点的导数有关。

函数 $f(x)$ 在 x_0 处的 Taylor 展开式为

$$f(x)=f(x_0)+f'(x_0)(x-x_0)+\frac{f''(x_0)}{2!}(x-x_0)^2+\frac{f'''(x_0)}{3!}(x-x_0)^3+\cdots$$

选择一个充分小的步长 H,使得 x_0+H 和 x_0-H 都在函数 $f(x)$ 的定义域内。为了消除高阶项的影响,构造差分公式将上述两个展开式相减,简化后得到

$$\frac{f(x_0+H)-f(x_0-H)}{2H}=f'(x_0)+\frac{f''(x_0)}{3!}\frac{H^2}{2}+\cdots$$

当 H 足够小时,高阶项可以忽略不计,因此

$$f'(x_0)\approx\frac{f(x_0+H)-f(x_0-H)}{2H}$$

如果可以找到一个插值多项式 $P(x)\approx f(x)$,则

插值型求导公式 —— $f'(x)\approx P'(x)=\sum_{k=0}^{n}f(x_k)l'_k(x)$

常用三点公式为

$$f'(x)\approx P'_2(x)=\frac{1}{2H}[-f(x-H)+f(x+H)]-\frac{H^2}{6}f'''(\xi)$$

常用五点公式为

$$f'(x)\approx P'_4(x)\approx\frac{1}{12H}[f(x-2H)-8f(x-H)+8f(x+H)-f(x+2H)]$$

三、实验内容

1. 根据基本原理，实现 Gauss-Legendre 求积、自适应积分法。
2. 基于计算实例进行求积方法对比。
3. 实现插值求导的生成算法。

四、实验步骤

1. 实现 Gauss-Legendre 公式

新建 Integral 文件夹，添加 GaussLegendre 类。在 GaussLegendre 类体中定义 Integral 方法。其代码与 Newton-Cotes 公式类似，均使用 if 语句对阶数进行判断，从而返回相应结果。

```
Vector xs, ks;
if (degree == 0)
{
    xs = new Vector(0.0);
    ks = new Vector(2.0);
}
else if (degree == 1)
{
    xs = new Vector( - 0.5773502692, 0.5773502692);
    ks = new Vector(1, 1);
}
...
else if (degree == 7)
{
    xs = new Vector( - 0.9602898565, - 0.7966664774, - 0.5255324099,
        - 0.1834346425, 0.1834346425, 0.5255324099, 0.7966664774,
        0.9602898565);
    ks = new Vector(0.1012285363, 0.2223810345, 0.3137066459,
        0.3626837834, 0.3626837834, 0.3137066459, 0.2223810345,
        0.1012285363);
}
else
    throw new Exception("尚未实现超过 7 次的 Gauss - Legendre 求积!");
```

2. 实现自适应积分法

在 Integral 文件夹中添加 AdaptiveIntegral 类，在其中添加自适应 Simpson 积分法，即 Simpson 方法。Simpson 方法的实现依赖于递归方法 SimpsonRe 的定义。

SimpsonRe 方法每调用一次就将某个区间对半划分成两个子区间，其中 count 参数通过引用传递的方法记录递归次数，从而判断算法收敛性。

```
protected static double SimpsonRe(UnaryFunction f, double low,
double fLow, double mid, double fMid, double up, double fUp,
double parent, double limit, int maxCount, ref int count)
{
    if (count >= maxCount)
    {
        string exMsg = "未在指定划分次数内收敛,自适应 Simpson 积分可能
        不收敛!" + "请调整迭代参数,如增加最大递归深数 maxDepth 或增大误
        差限值 limit.";
        throw new Exception(exMsg);
    }
    count++;
    double midL = (low + mid) / 2, midR = (mid + up) / 2;
    double fMidL = f(midL), fMidR = f(midR);
    double left = (mid - low) * (fLow + 4 * fMidL + fMid) / 6;
    double right = (up - mid) * (fMid + 4 * fMidR + fUp) / 6;
    double ans = left + right;
    if (Math.Abs(ans - parent) < 10 * limit)
    {
        return ans;
    }
    return SimpsonRe(f, low, fLow, midL, fMidL, mid, fMid, left,
    limit / 2, maxCount, ref count) + SimpsonRe(f, mid, fMid,
    midR, fMidR, up, fUp, right, limit / 2, maxCount, ref count);
}
```

对于 Simpson 方法,只需给出被积函数、积分区间、误差限以及区间划分最大次数,即可在调用 NewtonCotes.Simpson 方法得到根节点后,调用 SimpsonRe 方法进行递归求解。

```
public static double Simpson(UnaryFunction f, double low, double up,
double limit = 1e - 10, int maxCount = 10000)
{
    double root = NewtonCotes.Simpson(f, low, up);
    int count = 0;
    double ans = SimpsonRe(f, low, fLow, mid, fMid, up, fUp, root,
        limit, maxCount, ref count);
    return ans;
}
```

3. 求积方法对比

原函数 $I(x)$ 与对应被积函数 $f(x)$ 分别为

$$I(x) = \sqrt{x}, \quad f(x) = \frac{1}{2\sqrt{x}}$$

在 AdaptiveIntegral 类中添加 Sample 方法,分别调用 NewtonCotes.Integral,GaussLegendre. Integral,CompositeIntegral.Trapezoid,Romberg.Integral 和 AdaptiveIntegral.Simpson 方法进行测试(参数设置分别为 degree=1,degree=1,n=100,默认参数及默认参数)。同时基于原函数给出准确值。测试结果如图 13-2 所示。

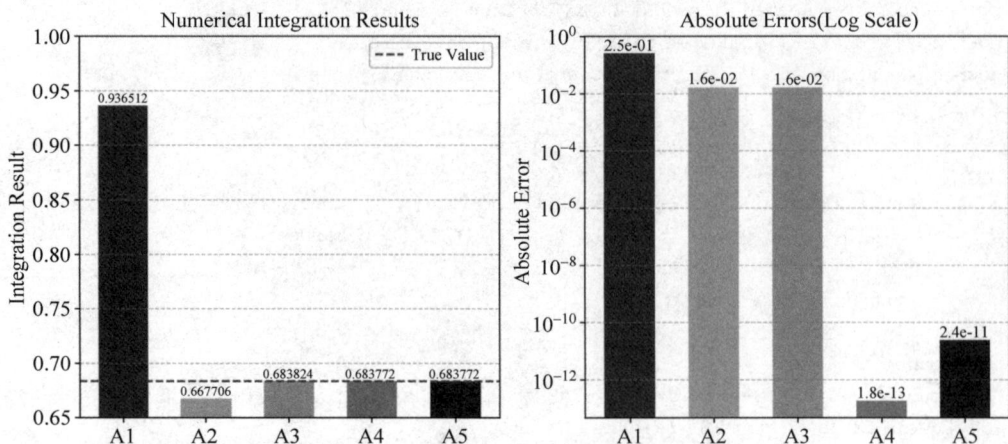

* A1:1st N-C, A2:1st G-L, A3:100-segment Composite, A4:Romberg, A5:Adaptive Simpson

图 13-2　各类数值求积方法计算结果及误差比较

可以发现，相较于 1 次 Newton-Cotes 求积，1 次 Gauss-Legendre 求积结果误差更小，而 Romberg 求积和自适应求积效果更好。此时 Romberg 求积需外推 8 次，自适应求积划分子区间 243 个。

进一步地提高 Newton-Cotes 与 Gauss-Legendre 求积公式的次数，观察误差变化，所得如图 13-3 所示。

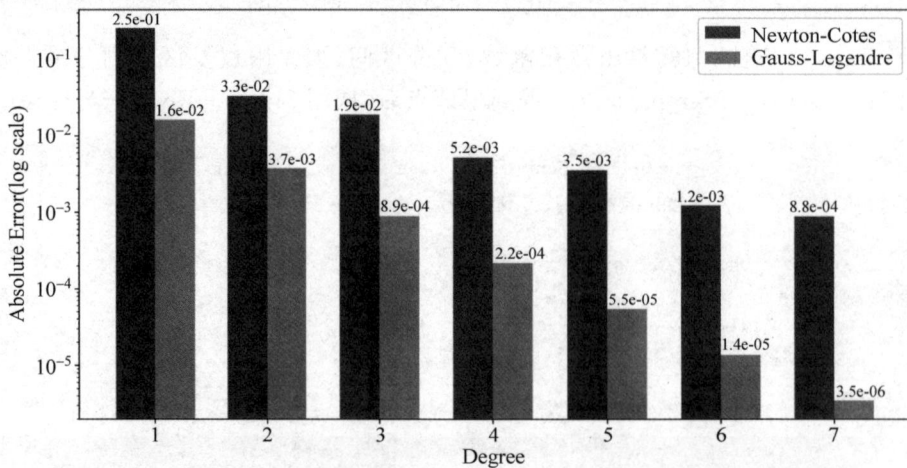

图 13-3　Newton-Cotes 求积公式与 Gauss-Legendre 求积公式误差随次数的变化

测试被积函数在区间内的变化很大时各算法的表现。取积分下界 low＝0.001，所得结果如图 13-4 所示。

可见 NC 和 GL 方法即使取到 7 次，其结果误差仍然较大；Romberg 方法外推 15 次，大约划分了 3 万个子区间，其所得结果也确实误差最小；但对比自适应 Simpson 积分和复合 Simpson 求积，前者划分了 1019 个子区间，后者则划分了 10000 个子区间，但前者精度要明显高于后者。

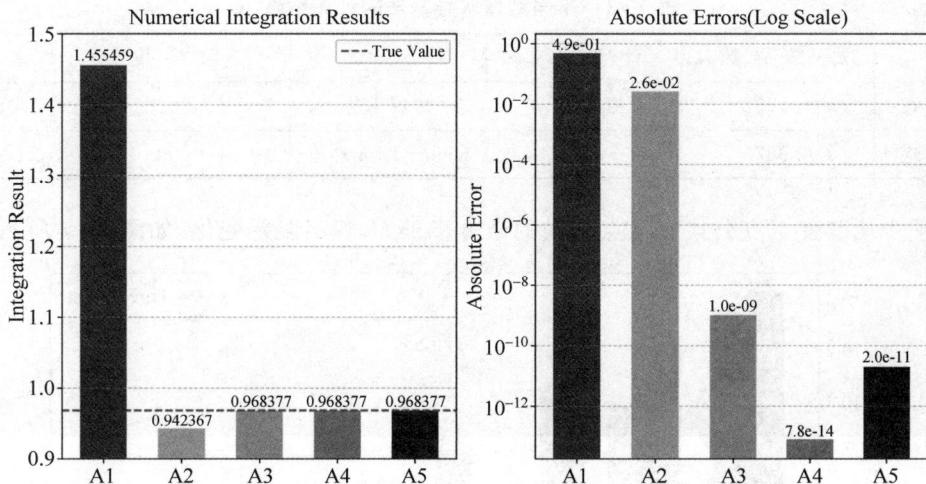

* A1:7st N-C, A2:7st G-L, A3:10000-segment Composite, A4:Romberg, A5:Adaptive Simpson

图 13-4　各类数值求积方法在被积函数变化较大时的表现

4. 插值求导

新建 Differential 文件夹,并在其中添加 Differential 类。在 Differential 类体中添加 ThreePoint 和 FivePoint 方法,分别基于三点公式和五点公式计算函数的一阶微分。

```
public static double ThreePoint(UnaryFunction f, double x0, double
h = 1e - 5)
{
    return (f(x0 + h) - f(x0 - h)) / h / 2;
}

public static double FivePoint(UnaryFunction f, double x0, double
h = 1e - 5)
{
    return (f(x0 - 2 * h) - 8 * f(x0 - h) + 8 * f(x0 + h) -
        f(x0 + 2 * h)) / h / 12;
}
```

在 Differential 类体中添加 Order 方法,该方法可以求出函数任意阶导数。此外还添加了 Richardson 方法。该方法基于 Richardson 外推原理,调用 Order 方法求解函数任意阶导数,并通过误差限确定外推次数。由于上述两类算法不属于课内知识,在此不做详述,具体可扫描二维码,从 Differential. cs 中获取。

5. 测试插值求导方法

待求导函数 $f(x)$ 为

$$f(x) = \mathrm{e}^x$$

目标点及对应的导数值为 0 与 1。

在 Differential 类中添加 Sample 方法,调用 ThreePoint 和 FivePoint 方法计算一阶导数(步长均取为 1),调用 Order 方法(步长取为 1)和 Richardson 方法计算二阶导数。所得结果如表 13-1 所列。

表 13-1 不同数值求导方法的计算结果

	一 阶 导 数	计 算 误 差		二 阶 导 数	计 算 误 差
三点公式	1.1752	0.1752	常规求导	1.0862	0.0862
五点公式	0.9625	−0.0375	Richardson 外推	1.0000	−1.3E-10

进一步地改变三点公式和五点公式的微分步长 h，观察误差变化，如图 13-5 所示。

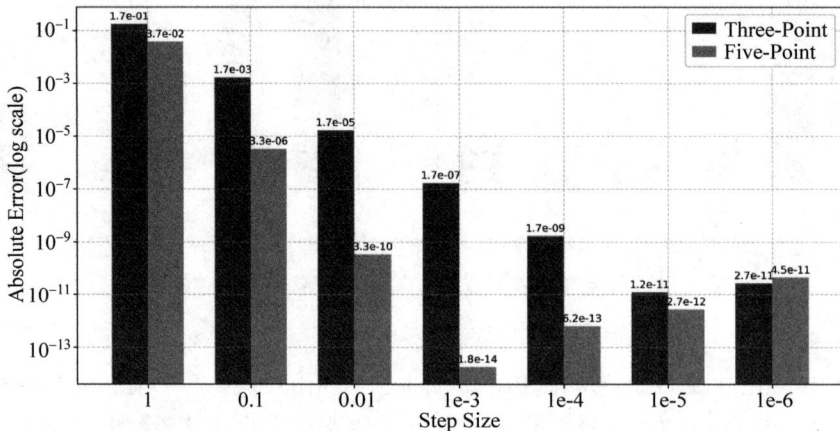

图 13-5 两种数值求导方法误差随微分步长的变化

可见随微分步长的减小，误差整体呈下降趋势，其中步长极小时，误差反而增大的情况，这是由计算过程中的舍入误差引起的。

五、实验总结

使用不同求积方法或使用同一求积方法但使用不同参数，所得的结果都有所不同。总体而言，复合求积、Romberg 求积和自适应求积较为准确，子区间数或外推次数的增加有益于提高精度。然而，子区间数或外推次数的增加也会显著增加计算成本。因此，在实际应用中，需要在效率和精度间进行权衡，选择合适的算法及参数。

课后习题

在 UnaryFunctionExtension 类中的 Sample 方法中补全代码：

```
public static void Sample()
{
    double w = 1;
    UnaryFunction f = x => Math.Sinh(w * x)/w;
    double low = −0.5;
    double up = 1;
    Console.WriteLine("积分: " + f.Integral(low, up));
```

```
    Console.WriteLine("微分: " + ???);
    Console.WriteLine("割线法求零点: " + ???);
    Console.WriteLine("二分法求零点: " + ???);
}
```

实现下述要求：

（1）求 f 在 $[-0.5, 1]$ 上的定积分（已实现，作为示例）；

（2）求 f 在 $x = 1$ 处的 1 阶导数；

（3）利用割线法求零点（初值自定）；

（4）利用二分法求零点（初始区间自定）。

实验十四 ≫≫

常微分方程的数值解——Euler方法、Runge-Kutta方法

一、实验目的

了解 Euler 方法、Runge-Kutta 方法的基本原理,并实现对应方法。

二、实验原理

考虑以下初值问题

$$\begin{cases} \dfrac{\mathrm{d}y}{\mathrm{d}x} = f(x,y) \\ y(x_0 = a) = y_0 \end{cases}$$

可以基于以下三种形式进行递推:

(1) 显式单步法:$\widetilde{y}_{k+1} = \widetilde{y}_k + \varphi(h_k, x, \widetilde{y}_k)$;

(2) 隐式单步法:$\widetilde{y}_{k+1} = \widetilde{y}_k + \varphi(h_k, x, \widetilde{y}_{k+1})$;

(3) 多步法:$\widetilde{y}_{k+1} = \widetilde{y}_k + \varphi(h, x, \widetilde{y}_k, \widetilde{y}_{k+1}, \cdots)$。

1. 简单数值方法

考虑使用一阶微分进行近似,构造显式 Euler 方法

$$y_{k+1} = y_k + hf(x_k, y_k)$$

或使用区间的另一端点进行近似,即为隐式 Euler 方法

$$y_{k+1} = y_k + hf(x_{k+1}, y_{k+1})$$

其中 y_{k+1} 未知,故需要利用不动点迭代等方法进行求解。

梯形公式是一种更精确的单步隐式方法,其公式为

$$y_{k+1} = y_k + \frac{h}{2}\big[f(x_k, y_k) + f(x_{k+1}, y_{k+1})\big]$$

同样需要利用不动点迭代等方法进行求解。

改进 Euler 方法是在梯形公式基础上的进一步优化。采用 $\bar{y}_{k+1} = y_k + hf(x_k, y_k)$ 进行预估,并利用梯形公式进行校准,从而合并成求解公式

$$y_{k+1} = y_k + \frac{h}{2}[f(x_k,y_k) + f(x_{k+1},y_k + hf(x_k,y_k))]$$

2. Runge-Kutta 方法

考虑构造 Taylor 展开

$$y(x_{n+1}) = y(x_n) + hy'(x_n) + \frac{h^2}{2}y''(x_n) + \frac{h^3}{6}y'''(x_n) + \cdots$$

阶数越高,其导数越来越复杂,需要计算大量的偏导数,因此上述基于微分进行近似的思路不再可行。考虑使用 f 若干节点上函数值的线性组合代替 f 的导数。

一般表达形式如下:

$$y_{n+1} = y_n + h\sum_{r=1}^{R} C_r K_r$$

$$K_r = f\left(x_n + a_r h, y_n + h\sum_{s=1}^{r-1} b_{rs} K_s\right), \quad r = 1,2,\cdots,R; a_1 = 0$$

其中,C_r 为待定的权因子,R 为使用 f 值的个数,K 由递推得到。

取 $R=1$ 时,即为 Euler 法;取 $R=4$ 时,即为经典 Runge-Kutta 方法(4 级 4 阶)

$$y_{n+1} = y_n + hC_1 K_1 + hC_2 K_2 + hC_3 K_3 + hC_4 K_4$$

具体展开为

$$y_{n+1} = y_n + \frac{1}{6}h(K_1 + 2K_2 + 2K_3 + K_4)$$

$$K_1 = f(x_n,y_n)$$

$$K_2 = f\left(x_n + \frac{1}{2}h, y_n + \frac{1}{2}hK_1\right)$$

$$K_3 = f\left(x_n + \frac{1}{2}h, y_n + \frac{1}{2}hK_2\right)$$

$$K_4 = f(x_n + h, y_n + hK_3)$$

3. 隐式 Runge-Kutta 方法

前面 K_r 的计算是逐一递推所得的,即为显式方法。实际上,K_r 可以有其他组织方法,例如:

(1) R 级隐式 Runge-Kutta 方法

$$K_r = f\left(x_n + a_r h, y_n + h\sum_{s=1}^{R} b_{rs} K_s\right), \quad r = 1,2,\cdots,R; \quad a_1 = 0$$

(2) 对角隐式 Runge-Kutta 方法

$$K_r = f\left(x_n + a_r h, y_n + h\sum_{s=1}^{r} b_{rs} K_s\right), \quad r = 1,2,\cdots,R; \quad a_1 = 0$$

三、实验内容

1. 根据基本原理,实现 Euler 方法、Runge-Kutta 方法的生成算法。
2. 基于实例对比各类 ODE 数值计算方法。

四、实验步骤

1. 实现 Euler 法

新建 ODE 文件夹，在其中添加 EulerMethod 类。在 EulerMethod 类体中添加 OneStep 方法：基于给定的二元函数 core，使用 for 循环进行递推（此处的 core 默认隐含了步长 h）。

```
for (int i = 1; i < n; i++)
{
    xs[i] = xs[i - 1] + h;
    ys[i] = core(xs[i - 1], ys[i - 1]);
}
```

根据算法原理，给出不同的 core 函数，调用 OneStep 方法，即可实现不同单步法，包括显式 Euler 法——Explicit 方法；隐式 Euler 法——Implicit 方法；改进 Euler 法——Improve 方法；梯形法——Trapezoid 方法。

```
//Explicit 方法
BinaryFunction core = (x, y) => y + f(x, y) * h;
//Explicit 方法
BinaryFunction core = (x, y) =>
    {
        double yInit = y + f(x, y) * h, x1 = x + h;
        return FixedPoint.Steffensen(y1 => y + h * f(x1, y1), yInit);
    };
//Improve 方法
BinaryFunction core = (x, y) =>
{
    double k0 = f(x, y), x1 = x + h, yInit = y + k0 * h;
    return FixedPoint.Steffensen(y1 => y + h / 2 * (k0 + f(x1,y1)), yInit);
};
//Trapezoid 方法
BinaryFunction core = (x, y) =>
{
    double k0 = f(x, y), yInit = y + k0 * h;
    return y + h / 2 * (k0 + f(x + h, yInit));
};
```

2. 实现 Runge-Kutta 方法

在新建 ODE 文件夹中添加 RungeKutta 类，并在其中添加 Explicitf 方法与 Implicit 方法。Explicitf 方法对应显式 Runge-Kutta 方法，通过 if 语句判断指定的级数，从而定义相应的 core 函数，调用 EulerMethod.OneStep 方法进行计算。

```
double half = h / 2;
if (R == 1)
```

```
        // 显式欧拉
        core = (x, y) => y + h * f(x, y);
else if (R == 2)
        // 中点公式
        core = (x, y) => y + h * f(x + half, y + half * f(x, y));
else if (R == 3)
    // Kutta 方法
    core = (x, y) =>
    {
        double K1 = f(x, y);
        double K2 = f(x + half, y + half * K1);
        double K3 = f(x + h, y - h * K1 + 2 * h * K2);
        return y + h / 6 * (K1 + 4 * K2 + K3);
    };
else if (R == 4)
    // 经典 Runge - Kutta 方法
    core = (x, y) =>
    {
        // 待补充
        return y;
    };
```

Implicit 方法实现对角隐式 Runge-Kutta 方法的计算，其中 core 函数的定义需要调用 FixedPoint. Steffensen 方法。

```
if (R == 1)
    core = (x, y) =>
    {
        double K1 = FixedPoint.Steffensen(z => f(x + h / 2, y + h / 2 * z), f(x, y));
        return y + h * K1;
    };
else if (R == 2)
{
    double r = 0.5 - Math.Sqrt(3) / 6;
    core = (x, y) =>
    {
        double K1 = FixedPoint.Steffensen(z => f(x + r * h, y + r * h * z), f(x, y));
        double K2 = FixedPoint.Steffensen(z => f(x + (1 - r) * h,
            y + ((1 - 2 * r) * K1 + r * z) * h), f(x, y));
        return y + h / 2 * (K1 + K2);
    };
}
else
    throw new Exception("仅实现了 1 到 2 步的隐式 Runge - Kutta 方法!");
return EulerMethod.OneStep(x0, y0, xn, h, core);
```

3. 实例测试对比

样例方程与解析解分别为

$$\begin{cases} y' = y - x^2 + 1, x \in (0,2] \\ y(0) = 0.5 \end{cases} \qquad y = (x+1)^2 - \frac{1}{2}e^x$$

在 EulerMethod 类中添加 Sample 方法，分别调用 Explicit 方法、Implicit 方法、Improve 方法、Trapezoid 方法和 RungeKutta 类中的 Explicit 方法，Implicit 方法（参数设置分别为 step＝4, step＝2）对该初值问题进行解算，所得结果如图 14-1 所示。

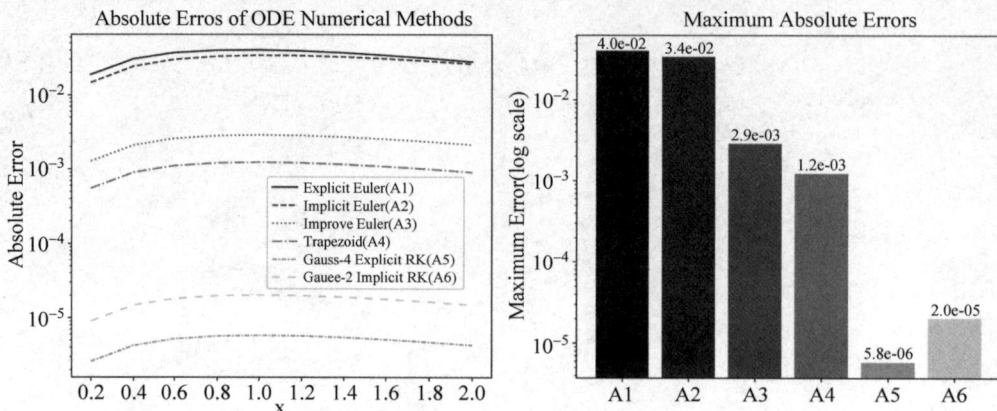

图 14-1 六种数值计算方法误差对比

五、实验总结

由上述代码实现可见，不同单步法原理类似，核心区别在于其迭代公式中的"core 函数"。因此，采用上述定义方法，可以有效实现迭代步骤与迭代公式原理的分离，只需定义不同的 core 函数，即可实现不同单步方法，极大地提高了编程效率。

课后习题

参考 $R＝1,2,3$ 时的显式 Runge-Kutta 方法，补充完成 $R＝4$ 时的代码。

实验十五 ≫≫

常微分方程的数值解——显式/隐式Adams 方法、一阶方程组

一、实验目的

了解显式/隐式 Adams 方法、一阶方程组的基本原理,并实现对应方法。

二、实验原理

1. Adams 方法

多步法的一般迭代式为

$$y_{n+k} = -\sum_{j=0}^{k-1} \alpha_j y_{n+j} + h \sum_{j=0}^{k} \beta_j f_{n+j}$$

其构造的核心是确定参数 α_j,β_j。

假定已计算至 x_{n+k-1},对于 x_{n+k} 节点

$$y(x_{n+k}) - y(x_{n+k-1}) = \int_{x_{n+k-1}}^{x_{n+k}} f(x, f(x)) \mathrm{d}x$$

运用 $x_n, x_{n+1}, \cdots, x_{n+k-1}$ 构造 $k-1$ 次 Lagrange 插值多项式

$$L_{k-1}(x) = f(x_n, y(x_n)) l_0(x) + \cdots + f(x_{n+k-1}, y(x_{n+k-1})) l_{k-1}(x),$$

$$l_j(x) = \prod_{\substack{l=0 \\ l \neq j}}^{k-1} \left(\frac{x - x_{n+l}}{x_{n+l} - x_{n+1}} \right)$$

将该插值多项式代入并积分可得

$$L_{k-1}(x) = f(x_n, y(x_n)) l_0(x) + \cdots + f(x_{n+k-1}, y(x_{n+k-1})) l_{k-1}(x)$$

从而

$$\begin{aligned}
y(x_{n+k}) - y(x_{n+k-1}) &\approx \int_{x_{n+k-1}}^{x_{n+k}} L_{k-1}(x) \mathrm{d}x \\
&= f(x_n, y(x_n)) \int_{x_{n+k-1}}^{x_{n+k}} l_0(x) \mathrm{d}x + \cdots + \\
&\quad f(x_{n+k-1}, y(x_{n+k-1})) \int_{x_{n+k-1}}^{x_{n+k}} l_{k-1}(x) \mathrm{d}x
\end{aligned}$$

令 $\beta_j = \dfrac{1}{h} \displaystyle\int_{x_{m+k-1}}^{x_{m+k}} l_j(x)\mathrm{d}x, j = 0, 1, \cdots, k-1$ 得 $y_{n+k} = y_{n+k-1} + h \displaystyle\sum_{j=0}^{k-1} \beta_j f_{n+j}$（不包含 y_{n+k}，显式法），该方法称作显式 Adams 方法，也称 Adams-Bashsorth 方法。显然，β_j 仅与步数 k 相关，因而可提前计算存入表中，以供实际应用。

显式 Adams 方法用 $x_n, x_{n+1}, \cdots, x_{n+k-1}$ 构造的插值多项式近似 f 在 $[x_{n+k-1}, x_{n+k}]$ 区间的积分，本质上包含了插值多项式的外推，因而会影响求解精度。若直接用 $x_n, x_{n+1}, \cdots, x_{n+k-1}, x_{n+k}$ 这 $k+1$ 个节点构造 k 次多项式

$$L_k(x) = f(x_n, y(x_n))l_0(x) + \cdots + f(x_{n+k}, y(x_{n+k}))l_k(x)$$

得 $y_{n+k} = y_{n+k-1} + h[\beta_0 f_n + \cdots + \beta_k f_{n+k}]$，该方法称作隐式 Adams 方法，也称 Adams-Moulton 方法。该方法的核心是线性多步法，但因在预测 x_{n+k} 时刻函数值时需要使用未知量 y_{n+k}，需要利用数值求解技术，如 Newton 迭代法等求解隐式方程。这类方法更为稳定，适合求解刚性问题。

2. 一阶方程组（ODEs）

许多实际问题可以表示为一阶常微分方程组的形式。

$$\begin{cases} \dfrac{\mathrm{d}y_1}{\mathrm{d}x} = f_1(x, y_1, y_2, \cdots, y_m), \\ \dfrac{\mathrm{d}y_2}{\mathrm{d}x} = f_2(x, y_1, y_2, \cdots, y_m), \quad x \in (x_0, X] \\ \vdots \\ \dfrac{\mathrm{d}y_m}{\mathrm{d}x} = f_m(x, y_1, y_2, \cdots, y_m), \end{cases}$$

$$\begin{cases} y_1(x_0) = a_1 \\ y_2(x_0) = a_2 \\ \vdots \\ y_m(x_0) = a_m \end{cases}$$

当给定初始条件时，可改写为向量形式

$$\begin{cases} \dfrac{\mathrm{d}\boldsymbol{y}}{\mathrm{d}x} = \boldsymbol{f}(x, \boldsymbol{y}) \\ \boldsymbol{y}(x_0) = \boldsymbol{a} \end{cases}$$

三、实验内容

1. 根据基本原理，实现显式/隐式 Adams 方法的生成算法。
2. 实例测试 Adams 方法。
3. 一阶方程组的生成算法。

四、实验步骤

1. 显式/隐式 Adams 方法

新建 ODE 文件夹，并在其中添加 Adams 类。在 Adams 类中定义 Explicit 方法和

Implicit 方法,分别对应显式 Adams 法和隐式 Adams 方法。Explicit 方法的实现思路与单步方法类似,关键在于根据指定的步数,实现相应的计算式。具体地,使用 if 语句进行判断及实现。

```
Action core;
if (step == 1)
    core = () => ys[dex] = ys[dex - 1] + h * ks[dex - 1];
...
else if (step == 4)
    core = () => ys[dex] = ys[dex - 1] + h / 24 * (55 * ks[dex - 1]
    - 59 * ks[dex - 2] + 37 * ks[dex - 3] - 9 * ks[dex - 4]);
else
    throw new Exception("仅实现了 1 到 4 步的显式 Adams 方法!");
```

Implicit 方法与 Explicit 方法的区别在于包含隐式方程的计算,需要调用 FixedPoint. Steffensen 方法进行求解。以步数取 4 为例,对应的代码如下。

```
core = () => ys[dex] = FixedPoint.Steffensen(
    y => ys[dex - 1] + h / 720 * (251 * f(xs[dex], y) + 646 *
        ks[dex - 1] - 264 * ks[dex - 2] + 106 * ks[dex - 3] - 19 *
            ks[dex - 4]), ys[dex - 1] + h * ks[dex - 1]);
```

2. 测试 Adams 方法

样例方程与解析解分别为

$$\begin{cases} y' = y - x^2 + 1, x \in (0,2], \\ y(0) = 0.5, \end{cases} \qquad y = (x+1)^2 - \frac{1}{2}e^x$$

在 Adams 类中添加 Sample 方法,分别调用 Explicit 方法和 Implicit 方法对该初值问题进行解算(参数设置分别为 step=4,step=3),所得结果如图 15-1 所示。

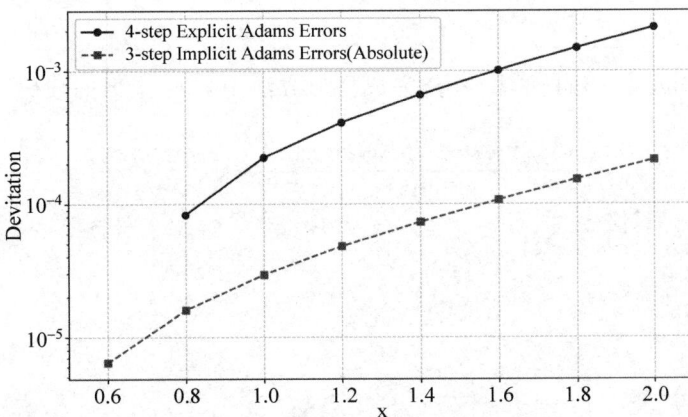

图 15-1　两种 Adams 方法计算误差对比

3. 实现一阶方程组

在 ODE 文件夹中新建 ODES 类,并在其中定义 RungeKutta4 方法和 Trapezoid 方法。ODES. RungeKutta4 方法与 RungeKutta.Explicit 方法几乎一样,区别仅在于 f 以及 core 的

输入输出参数类型,由 double 变为 vector。Trapezoid 方法同理。以 RungeKutta4 方法为例,其代码如下。

```
public static Tuple < Vector, Vector[ ]> RungeKutta4(Func < double,
Vector, Vector > f, double x0, Vector Y0, double xn, double h)
{
    ...
    Func < double, Vector, Vector >   core = (x, Y) =>
    {
        Vector K1 = f(x, Y);
        Vector K2 = f(x + half, Y + half * K1);
        Vector K3 = f(x + half, Y + half * K2);
        Vector K4 = f(x + h, Y + h * K3);
        return Y + h / 6 * (K1 + 2 * K2 + 2 * K3 + K4);
    };
    ...
    return new Tuple < Vector, Vector[ ]>(xs, Ys);
}
```

五、实验总结

　　显式与隐式 Adams 方法原理相近,区别在于后者需要额外进行隐式求解,在增加计算复杂度的同时也提升了结果精度。一阶常微分方程组的解算则与一阶常微分方程基本一致,可以后者为参考。因此在上述的代码实现中,代码复用是非常实用的编程技巧:抽象不同公式、原理的共同点编写算法框架,使用可替换的代码块或可传递的参数实现不同点,可以有效优化代码结构,提高编程效率。

课后习题

　　参考求解 Runge-Kutta4 方法,补充完成梯形方法中 core 函数的代码。

```
public static Tuple < Vector, Vector[ ]> Trapzoid(Func < double, Vector,
Vector > f, double x0, Vector Y0, double xn, double h)
{
    int n = (int)((xn - x0) / h) + 1;
    Vector xs = new Vector(n);
    Vector[ ] Ys = new Vector[n];
    xs[0] = x0;
    Ys[0] = Y0;
    double half = h / 2;
    Func < double, Vector, Vector > core = (x, Y) =>
    {
        return Y;
    };
    for (int i = 1; i < n; i++)
```

```
    {
        xs[i] = xs[i - 1] + h;
        Ys[i] = core(xs[i - 1], Ys[i - 1]);
    }
    return new Tuple < Vector, Vector[ ]>(xs, Ys);
}
```

应用案例

案例一　二维扩散模拟

一、实验目的

在已知二维浓度场初始分布及扩散源的条件下,分析该浓度场的时空演化。

二、实验原理

1. 物理模型

物质在平面内扩散,则浓度 c 是位置 (x,y) 与时间 t 的函数 $c=c(x,y,t)$,且满足二维扩散定律

$$\frac{\partial c}{\partial t}=D\left(\frac{\partial^2 c}{\partial x^2}+\frac{\partial^2 c}{\partial y^2}\right) \tag{1}$$

若扩散系数 D 恒定,已知初始时刻的浓度分布函数 $c(x,y,0)$,欲求未来某时刻 T 的浓度分布。记 $\boldsymbol{C}(t)=[c(x_i,y_j,t)]$,称 $\boldsymbol{C}$ 为浓度分布矩阵,则扩散微分方程可以表示为

$$\frac{\partial \boldsymbol{C}}{\partial t}=\boldsymbol{g}(\boldsymbol{C}) \tag{2}$$

根据显式欧拉法,对(2)式关于 t 进行离散化

$$\boldsymbol{C}_{i+1}=\boldsymbol{C}_i+\boldsymbol{g}(\boldsymbol{C}_i)\Delta t \tag{3}$$

对浓度分布函数 $c(x,y,t)$ 关于 x 求二阶偏导

$$\frac{\partial^2 c}{\partial x^2}(x_0,y,t)=\frac{c(x_0+h,y,t)+c(x_0-h,y,t)-2c(x_0,y,t)}{h^2}+O(h^2)$$

已知某时刻的浓度矩阵 $\boldsymbol{C}$,代入(3)式可得

$$\frac{\partial^2 c}{\partial x^2}(x_i,y_j)\approx\frac{C(i+1,j)+C(i-1,j)-2C(i,j)}{\Delta x^2} \tag{4}$$

同理可得

$$\frac{\partial^2 c}{\partial y^2}(x_i,y_j)\approx\frac{C(i,j+1)+C(i,j-1)-2C(i,j)}{\Delta y^2} \tag{5}$$

由(1)式,(2)式,(4)式和(5)式可得

$$g(C)[i,j] \approx D\Big(\frac{C(i+1,j)+C(i-1,j)-2C(i,j)}{\Delta x^2} +$$

$$\frac{C(i,j+1)+C(i,j-1)-2C(i,j)}{\Delta y^2}\Big) \tag{6}$$

则由(3)式,(6)式,即可计算浓度场的时空演化。

2. 边界处理

根据上述计算原理,需要特别考虑边界处的处理,参见图 B-1。以(5)式部分的计算为例。

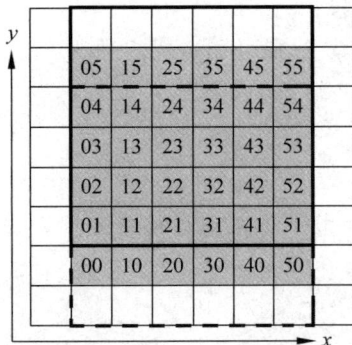

图 B-1　计算域示例图

其中含有数字标识的灰色网格区域为计算域,即 $C(i,j)$,而粗黑实线边框内网格和粗黑虚线边框内网格则分别表示 $C(i,j+1)$ 和 $C(i,j-1)$,其中原本不在计算域内的网格的取值,需要根据边界情况进行处理。

对于边界,根据实际情况采用以下两种假设之一:

(1) 边界可通过物质,物质浓度为 0→外圈直接补 0 即可;

(2) 边界不可通过物质→外圈物质浓度与内圈相同即可。

此处我们采用第二种假设,则可得到 $C(i,j+1)$ 和 $C(i,j-1)$,分别如图 B-2(a)和(b)所示。

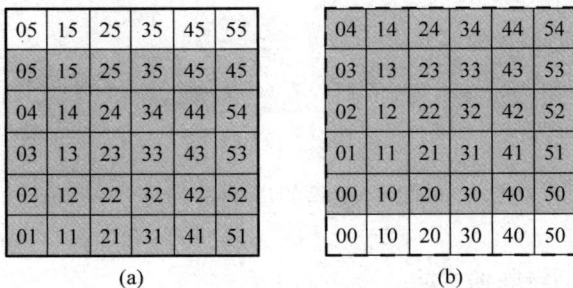

图 B-2　边界处理

三、实验内容

假设某种情况下,10×10 浓度矩阵(边界不透溶质),网格边长 $\Delta x = \Delta y = 1$,扩散系数 $D \equiv 1$,保持 $C[0,3] \equiv 1$,即将此处视为稳定扩散源,且开始($t=0$)时其余位置的物质浓度均为 0。

1. 浓度场时空分布演化模拟

观察浓度场演化情况,求出 $T=8$ 时的物质浓度分布矩阵 $C(t=8)$。

2. 考察迭代步长对于迭代计算的影响

采用不同的迭代步长进行模拟计算,观察对比其在同一时间、同一位置的浓度计算结果,了解迭代步长对于数值计算的影响。

四、实验步骤

1. 确定扩散迭代的时间步长

即(3)式中的 Δt,以下取为 0.2,则可知迭代步数为

```
int steps = (int)(T / dt); // double dt = 0.2,即为 Δt, steps 为时间步数
```

2. 浓度场时空演化模拟

使用 for 循环对浓度分布矩阵 C 进行迭代计算:

```
for (int i = 0; i < steps; i++)
{
    // 在 x 方向扩充外圈
    Matrix Cx = new Matrix(C.GetRow(0)).Concat(C, true).Concat(
        new Matrix(C.GetRow(size - 1)), true);
    // 计算 x 方向的二阶偏导矩阵
    Matrix dC2_x2 = 1 / dx / dx * (Cx.SubRows(2, size + 2) +
        Cx.SubRows(0, size) - 2 * C);
    // 在 y 方向扩充外圈
    Matrix Cy = new Matrix(C.GetColumn(0)).Transpose().Concat(C)
        Concat(new Matrix(C.GetColumn(size - 1)).Transpose());
    // 计算 y 方向的二阶偏导矩阵
    Matrix dC2_y2 = 1 / dy / dy * (Cy.SubColumns(2, size + 2) +
        Cy.SubColumns(0, size) - 2 * C);
    // 根据(3)式迭代计算
    C += D * (dC2_x2 + dC2_y2) * dt;
    C[0, 3] = 1;
}
```

3. 计算结果

Δt 取为 0.2 时,浓度场的时空演化过程如图 B-3 所示。可以看到,这一结果是符合基本的物理学认识的。

4. 关于迭代的时间步长的实验

分别取 Δt 为 0.2,0.1 和 0.01,将这三种 Δt 下计算所得 $C(t=8)$ 进行对比,如图 B-4 所示。

图 B-4 第一行三张图分别为采用 0.2,0.1,0.01 的迭代步长时的 $C(t=8)$,从整体空间分布来看,三种 Δt 取值下模拟结果空间分布特征保持一致。第二行两图分别为 $x=0$ 和 $x=9$ 处,即图 B-1 中的左边界和右边界处浓度随 y(横轴)的变化规律。可以看到三种 Δt 取值下计算结果相近,验证了该数值计算方法的有效性。

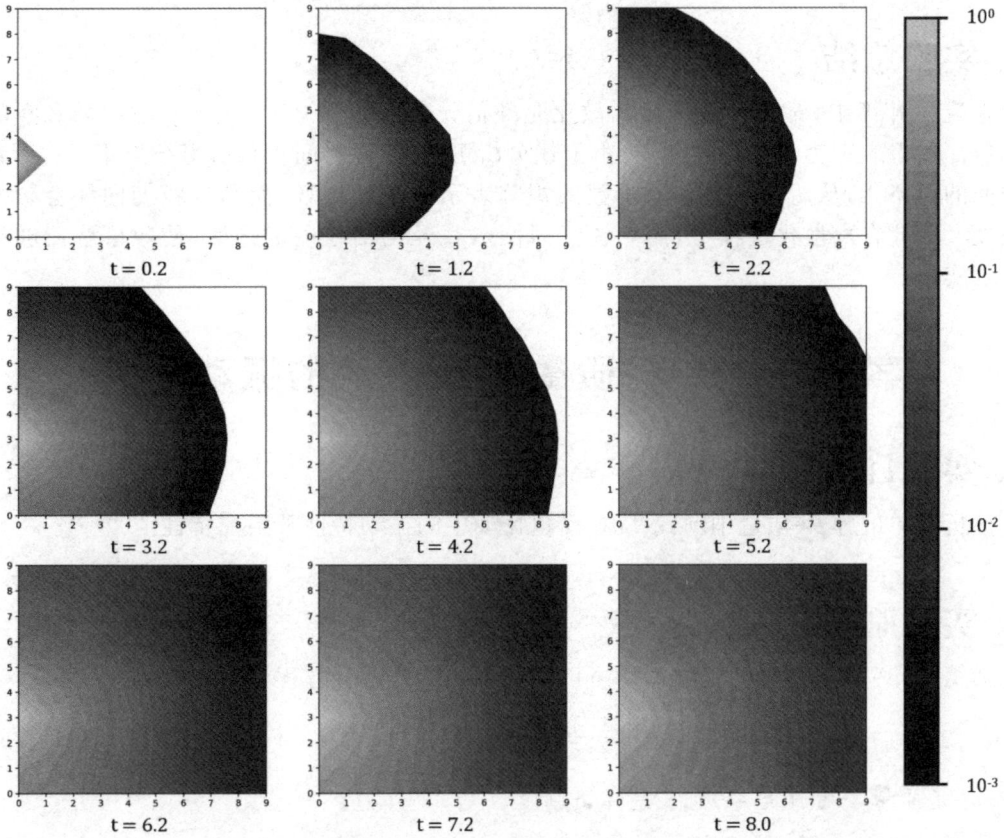

图 B-3 （$\Delta t = 0.2$）各时刻浓度场分布

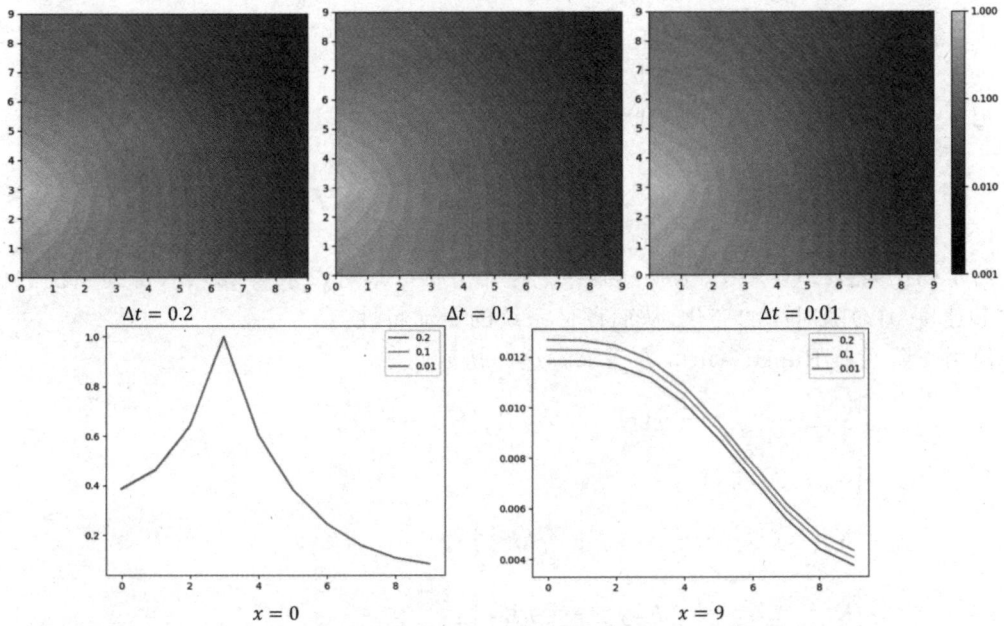

图 B-4 不同时间步长计算结果对比

五、实验总结

在流体计算中，对计算域进行离散化是数值计算的步骤之一，包括对时间域和空间域的离散。前者表现为离散的时间步，由上述分析可知，不同时间步长所得结果不一；后者即为空间的网格化，从而可以用有限阶数的矩阵表示连续的流场，而网格粒度同样会影响计算精度。因此在离散化过程中，需要注意时间步长及网格粒度的选取，使数值解能够尽量接近真实值。

案例二　弹簧-质量-阻尼系统的振动分析

一、实验目的

分析简单的弹簧-质量-阻尼系统在受迫振动中的振动特性及阻尼特性。

二、实验原理

弹簧-质量-阻尼系统的受迫振动可以用如下二阶常微分方程（ODE）描述：

$$m \frac{\mathrm{d}^2 x}{\mathrm{d}t^2} + c \frac{\mathrm{d}x}{\mathrm{d}t} + kx = F(t) \tag{1}$$

其中，m 是质量，c 是阻尼系数，k 是弹簧刚度，$F(t)$ 是外力。

考虑（1）式的求解，将运动方程改写为

$$\begin{cases} \dfrac{\mathrm{d}x}{\mathrm{d}t} = v \\ \dfrac{\mathrm{d}v}{\mathrm{d}t} = \dfrac{1}{m}\left[F(t) - cv - kx\right] \end{cases}$$

记 $\boldsymbol{y} = [x, v]^{\mathrm{T}}$，可得一阶 ODE 系统

$$\frac{\mathrm{d}\boldsymbol{y}}{\mathrm{d}t} = \begin{bmatrix} 0 & 1 \\ -\dfrac{k}{m} & -\dfrac{c}{m} \end{bmatrix} \boldsymbol{y} + \begin{bmatrix} 0 \\ \dfrac{1}{m}F(t) \end{bmatrix} = \boldsymbol{f}(t, y) \tag{2}$$

给定初始条件 $x(0) = x_0$ 及 $v(0) = v_0$ 和外力 $F(t)$，可以求解（2）式，得到系统的位移 $x(t)$ 和速度 $v(t)$ 随时间的变化，从而评估系统的振动特性。

使用 4 阶经典 Runge-Kutta 方法求解这一初值问题

$$\begin{cases} \boldsymbol{y}_{n+1} = \boldsymbol{y}_n + \dfrac{1}{6}h(\boldsymbol{K}_1 + 2\boldsymbol{K}_2 + 2\boldsymbol{K}_3 + \boldsymbol{K}_4), \\ \boldsymbol{K}_1 = \boldsymbol{f}(t_n, \boldsymbol{y}_n), \\ \boldsymbol{K}_2 = \boldsymbol{f}\left(t_n + \dfrac{1}{2}h, \boldsymbol{y}_n + \dfrac{1}{2}h\boldsymbol{K}_1\right), \qquad n = 0, 1, 2, \cdots \\ \boldsymbol{K}_3 = \boldsymbol{f}\left(t_n + \dfrac{1}{2}h, \boldsymbol{y}_n + \dfrac{1}{2}h\boldsymbol{K}_2\right), \\ \boldsymbol{K}_4 = \boldsymbol{f}(t_n + h, \boldsymbol{y}_n + h\boldsymbol{K}_3), \end{cases} \tag{3}$$

其中 h 为计算的时间步长。由此可得到 $x(t)$ 和 $v(t)$ 的数值解,即其在每一时间步的取值,从而分析系统的振动特性。

更进一步地,可以根据 $x(t)$ 和 $v(t)$ 计算系统能量随时间的变化。t 时刻系统的动能 $E_k(t)$ 和势能 $E_p(t)$ 分别为

$$E_k(t) = \frac{1}{2}mv(t)^2 \tag{4}$$

$$E_p(t) = \frac{1}{2}kx(t)^2 \tag{5}$$

在 $t=0$ 到 T 这一时间段内,外力所做的功为

$$W = \int_0^T F(t)v(t)\mathrm{d}t \tag{6}$$

据(4)式~(6)式可以计算这段时间内因阻尼造成的能量耗散

$$Q = W - [E_k(T) + E_p(T) - E_k(0) - E_p(0)]$$

从而分析系统的阻尼特性。

三、实验内容

假设有一弹簧-质量-阻尼系统,已知其质量 $m=2\mathrm{kg}$,弹簧刚度 $k=32\mathrm{N/m}$,阻尼系数 $c=8\mathrm{N \cdot s/m}$。现对其施加周期外力使其进行受迫振动,外力表达式为 $F(t)=10\cos(3t)\mathrm{N}$。在 $t=0$ 时刻,系统处于静止状态,即 $x(0)=0,v(0)=0$。

1. 振动特性分析

建立 ODE,计算系统的位移 $x(t)$ 和速度 $v(t)$ 随时间的变化。

2. 对比验证

根据物理模型求出该初值问题的理论解,与数值解进行对比,验证数值方法的有效性和准确性。

3. 阻尼特性分析

计算 t 在 0~10s 这一时间段内系统因阻尼造成的能量耗散。

四、实验步骤

1. 确定扩散迭代的时间步长

以下取 h 为 0.2,则可知迭代步数为

```
int steps = (int)(T / h); // double h = 0.2, steps 为时间步数
```

2. 振动特性分析

直接调用 ODES 类中的 RungeKutta4 方法求解一阶 ODE 方程组,得到 $x(t_n),n=0,1,2,\cdots$ 和速度 $v(t_n),n=0,1,2,\cdots$,如图 B-5 所示。其中,纵坐标为 x_a(t) 和 v_a(t),分别表示位移和速度的数值解。可以看到上述结果符合一般物理认知:低阻尼受迫振动中,系统逐渐趋于稳定。

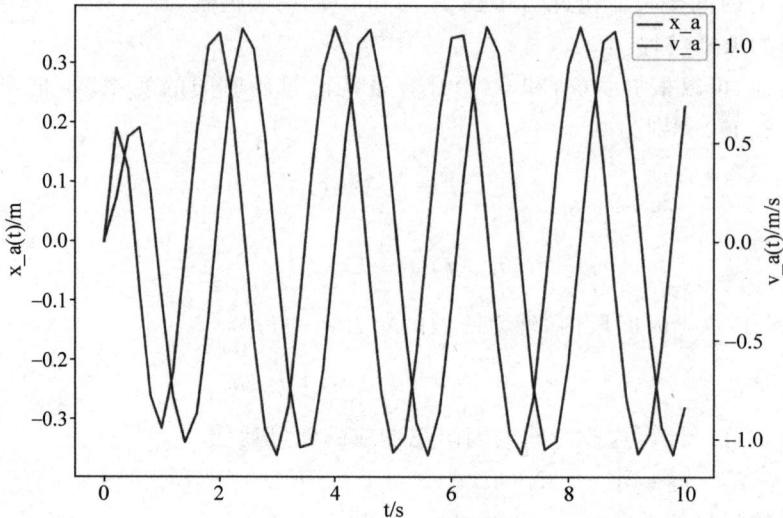

图 B-5　系统位移及速度随时间变化

3. 对比验证

根据（2）式及上述初始条件及参数，可以求得该初值问题理论解为

$$x(t) = x_1(t) + x_2(t)$$

$$\gamma = \frac{c}{2m} = 2\text{s}^{-1}, \quad \omega_0 = \sqrt{\frac{k}{m}} = 4\text{rad/s}, \quad \gamma < \omega_0$$

$$\nu = \frac{\omega}{\omega_0} = 0.75, \quad \xi = \gamma/\omega_0 = 0.5$$

$$\begin{cases} A_1 = \dfrac{F_m/k}{\sqrt{(1-\nu^2)^2 + 4\xi^2\nu^2}} = 0.360\text{m} \\ \varphi_1 = \arctan\left(\dfrac{-2\xi\nu}{1-\nu^2}\right) = -1.043\text{rad} \end{cases}$$

$$x_1(t) = A_1\cos(\omega t + \varphi_1)$$

$$\omega_a = \sqrt{\omega_0^2 - \gamma^2} = 2\sqrt{3}\,\text{rad/s}$$

$$\begin{cases} A_2 = 0.416\text{m} \\ \varphi_2 = 2.022\text{rad} \end{cases}$$

$$x_2(t) = A_2\text{e}^{-\gamma t}\cos(\omega_a t + \varphi_2)$$

将上述理论解与计算所得数值解进行对比，所得如图 B-6 所示，其中纵坐标为 x_a(t) − x(t) 和 v_a(t) − v(t)，表示数值解的误差，x(t) 和 v(t) 为理论解。可见计算所得数值解具有较高的精度。

4. 阻尼特性分析

进一步计算时间段内阻尼造成的能量耗散。调用 NewtonCotes 类中的 Trapezoid 方法进行计算，所得结果为

$$W = 44.980\text{J}, \quad Q = 1.732\text{J}$$

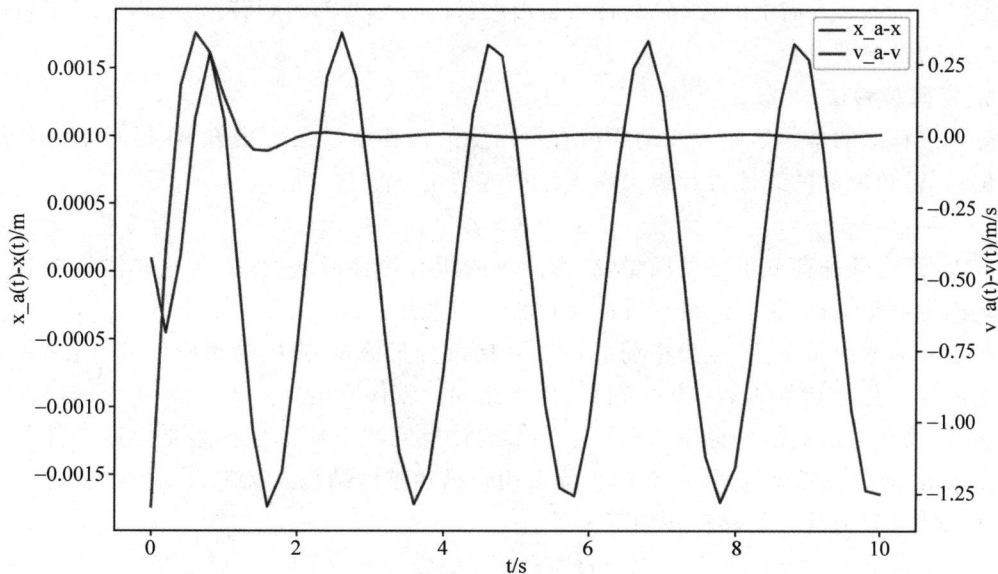

图 B-6　数值计算结果误差

可见绝大部分能量都用于驱动系统进行振动,能量耗散有限。

五、实验总结

　　上述初值问题具有显式的解析解,可以基于其解析解进行分析;而实际上,很多初值问题并不存在解析解,从而需要使用数值解法进行计算。即使是如上的简单问题,其解析求解的理论难度也明显高于数值求解,且后者可为不同初值问题的求解提供通用的方法,更易理解及使用。因此,对于常微分方程初值问题,选择合适的数值计算方法,如上述的 4 阶经典 Runge-Kutta 方法,是求解的重要途径。

案例三　杆系结构力学分析

一、实验目的

　　基于有限元思想,采用矩阵位移法进行杆系结构的力学求解,计算其结点位移及单元内力。

二、实验原理

1. 结点自由度

　　有限元分析中,自由度(Degree of Freedom,DOF)是指系统中可以独立变化的参数或变量的数量。具体到框架结构分析,每个结点通常有多个自由度,包括各个方向上的平动自由度（如 x,y,z 方向上的位移）及转动自由度（绕 x,y,z 轴的旋转）。结构的约束条件会限制结点的自由度。

2. 矩阵位移法

矩阵位移法的基本思路是以结构所有自由度的位移或转角为未知量，通过求解外加荷载与位移/转角形成的线性方程组来得到位移或转角，即

$$F = K \cdot \Delta \tag{1}$$

其中，F 为所有外加荷载组成的向量，Δ 为待求的所有位移或转角，K 为整体刚度矩阵。对于静定或超静定结构，整体刚度矩阵满足对称正定性质。

对于外荷载向量 F，结点集中荷载可以直接按分量添加到 F 的相应位置，而单元分布荷载则需先转化为等价的结点集中荷载，再行添加。整体刚度矩阵 K 由各单元的局部刚度矩阵集成，需要考虑局部坐标系与全局坐标系的转换问题。局部坐标系是指以杆件单元轴线方向为 X 向的直角坐标系，而全局坐标系用于描述整体结构及确定自由度的方向。局部坐标系下的单元荷载与位移存在如下关系：

$$F^e = K^e \cdot \Delta^e \tag{2}$$

其中，K^e 为局部单元刚度矩阵，由于一个杆件单元包含两个结点，故为 12 阶方阵：

$$
K^e = \begin{bmatrix}
\frac{EA}{L} & 0 & 0 & 0 & 0 & 0 & -\frac{EA}{L} & 0 & 0 & 0 & 0 & 0 \\
 & \frac{12EI}{L^3} & 0 & 0 & 0 & \frac{6EI}{L^2} & 0 & -\frac{12EI}{L^3} & 0 & 0 & 0 & \frac{6EI}{L^2} \\
 & & \frac{12EI}{L^3} & 0 & -\frac{6EI}{L^2} & 0 & 0 & 0 & -\frac{12EI}{L^3} & 0 & -\frac{6EI}{L^2} & 0 \\
 & & & \frac{GI_p}{L} & 0 & 0 & 0 & 0 & 0 & -\frac{GI_p}{L} & 0 & 0 \\
 & & & & \frac{4EI}{L} & 0 & 0 & 0 & \frac{6EI}{L^2} & 0 & \frac{2EI}{L} & 0 \\
 & & & & & \frac{4EI}{L} & 0 & -\frac{6EI}{L^2} & 0 & 0 & 0 & \frac{2EI}{L} \\
 & & & & & & \frac{EA}{L} & 0 & 0 & 0 & 0 & 0 \\
 & & & & & & & \frac{12EI}{L^3} & 0 & 0 & 0 & -\frac{6EI}{L^2} \\
 & & \text{对称} & & & & & & \frac{12EI}{L^3} & 0 & \frac{6EI}{L^2} & 0 \\
 & & & & & & & & & \frac{GI_p}{L} & 0 & 0 \\
 & & & & & & & & & & \frac{4EI}{L} & 0 \\
 & & & & & & & & & & & \frac{4EI}{L}
\end{bmatrix} \tag{3}
$$

其中涉及参数为：抗拉刚度 EA、抗弯刚度 EI、抗扭刚度 GI_p 以及杆件单元长度 L。

局部坐标系下的单元荷载 F^e、位移 Δ^e 与全局坐标系下的单元荷载 $\bar{F}^e$、位移 $\bar{\Delta}^e$ 存在如

下转换关系：

$$\boldsymbol{F}^e = \boldsymbol{T}^e \cdot \boldsymbol{F}^e \tag{4}$$

$$\boldsymbol{\Delta}^e = \boldsymbol{T}^e \cdot \boldsymbol{\Delta}^e \tag{5}$$

其中，$\boldsymbol{T}^e$ 为坐标转换矩阵，与杆件单元的轴向有关，也是一个 12 阶方阵。

全局坐标系下，有

$$\boldsymbol{F}^e = \boldsymbol{K}^e \cdot \boldsymbol{\Delta}^e \tag{6}$$

其中，$\boldsymbol{K}^e$ 为全局单元刚度矩阵，由（4）式～（6）式可知

$$\boldsymbol{K}^e = \boldsymbol{T}^{e^{\mathrm{T}}} \cdot \boldsymbol{K}^e \cdot \boldsymbol{T}^e \tag{7}$$

由（3）式，（7）式即可得到全局单元刚度矩阵 $\boldsymbol{K}^e$，然后将对应位置元素添加到整体刚度矩阵 $\boldsymbol{K}$ 中即可。集成得到外荷载向量 $\boldsymbol{F}$ 与整体刚度矩阵 $\boldsymbol{K}$ 后，求解（1）式即可得到结点位移向量 $\boldsymbol{\Delta}$。

3. 单元位移及内力

求解整体位移向量 $\boldsymbol{\Delta}$ 后，可从中提取出各单元两端对应的 12 个位移分量，即 $\boldsymbol{\Delta}^e$，从而可由（5）式得到局部坐标系下的单元位移 $\boldsymbol{\Delta}^e$。

杆件单元的局部坐标系如图 B-7 所示，此时单元位移可表示为

$$\boldsymbol{\Delta}^e = \left[\Delta x_a, \Delta y_a, \Delta z_a, \theta x_a, \theta y_a, \theta z_a, \Delta x_b, \Delta y_b, \Delta z_b, \theta x_b, \theta y_b, \theta z_b\right] \tag{8}$$

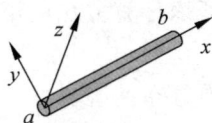

图 B-7 杆系单元的局部坐标系

认为杆件单元上任意一点的局部位移仅与其 x 坐标值有关，记 $t = x/L$，任意点空间位移 $(\mathrm{d}x, \mathrm{d}y, \mathrm{d}z)$ 与杆端位移关系为

$$\begin{cases} \mathrm{d}x = (1-t)\Delta x_a + t\Delta x_b \\ \mathrm{d}y = (2t^3 - 3t^2 + 1)\Delta y_a + (3t^2 - 2t^3)\Delta y_b + (t^3 - 2t^2 + t)\theta z_a L + (t^3 - t^2)\theta z_b L \\ \mathrm{d}z = (2t^3 - 3t^2 + 1)\Delta z_a + (3t^2 - 2t^3)\Delta z_b - (t^3 - 2t^2 + t)\theta y_a L - (t^3 - t^2)\theta y_b L \end{cases} \tag{9}$$

由此即可得到杆件单元内部任意一点的位移。

得到杆端位移 $\boldsymbol{\Delta}^e$ 之后，基于（6）式可得局部坐标系下杆端力 $\boldsymbol{F}^e$，将其表示为

$$\boldsymbol{F}^e = \left[N_a, Vy_a, Vz_a, Mx_a, My_a, Mz_a, N_b, Vy_b, Vz_b, Mx_b, My_b, Mz_b\right] \tag{10}$$

杆件单元上任意局部 x 坐标截面下，绕局部 y 方向和 z 方向的弯矩为

$$\begin{cases} My = My_a(1-t) - My_b t \\ Mz = Mz_a(1-t) - Mz_b t \end{cases} \tag{11}$$

三、实验内容

假设有一三层两跨杆系结构，其受力情况如图 B-8 所示。已知其杆件的属性均为 $L = 1\mathrm{m}$，$EA = 10\mathrm{N}$，$EI = GI_p = 10\mathrm{N} \cdot \mathrm{m}^2$，各杆件端点之间、端点与地面之间均刚接，且 YZ 平

面外的转角、位移均被约束。

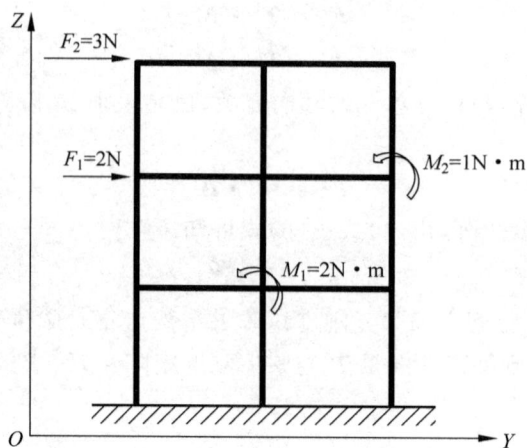

图 B-8 待求解结构示意图

1. 结点位移求解

集成外荷载向量与整体刚度矩阵,使用共轭梯度法求解结点位移向量。

2. 对比验证

与结构力学求解器进行对比,验证该计算方法的准确性。

3. 单元位移及内力分析

计算各单元的内力,分析结构内力分布情况。

四、实验步骤

1. 结构数值化

将该结构离散为多个杆件单元,并对结点和单元进行编号。其中 $i=1,2,\cdots,12$ 为结点编号,$(i),i=1,2,\cdots,15$ 为单元编号,如图 B-9 所示。

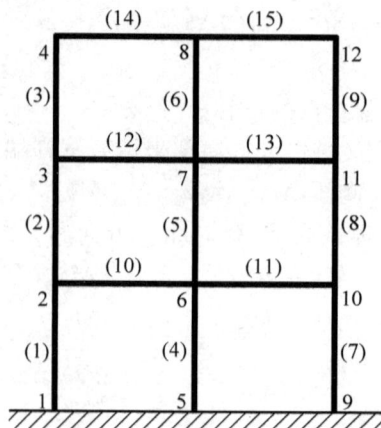

图 B-9 结构单元及结点编号

然后对自由度进行编号,从而可集成外荷载向量 $\boldsymbol{F}$ 与整体刚度矩阵 $\boldsymbol{K}$,前者为 $3\times9=$

27 维向量，后者为 27 阶方阵。

2. 求解结点位移

直接调用 CGMethod 类中的 Solve 方法（共轭梯度法）求解（1）式，得到与自由度相应的结点位移向量Δ，为方便表述，表 B-1 逐个地列出各结点在全局坐标下的位移。

表 B-1 结点位移（全局坐标系）

结点编号	$\Delta y / \mathrm{m}$	$\Delta z / \mathrm{m}$	θ_x / rad
1	0	0	0
2	0.1171	0.1491	−0.2026
3	0.3868	0.2452	−0.2992
4	0.7026	0.2738	−0.3097
5	0	0	0
6	0.0805	−0.0114	−0.1274
7	0.2775	−0.0179	−0.2383
8	0.5379	−0.0121	−0.2669
9	0	0	0
10	0.0756	−0.1377	−0.1332
11	0.2458	−0.2274	−0.1899
12	0.4657	−0.2617	−0.2379

3. 对比验证

将上述结构及受力情况输入结构力学求解器进行计算，所得各结点位移如图 B-10 所示。

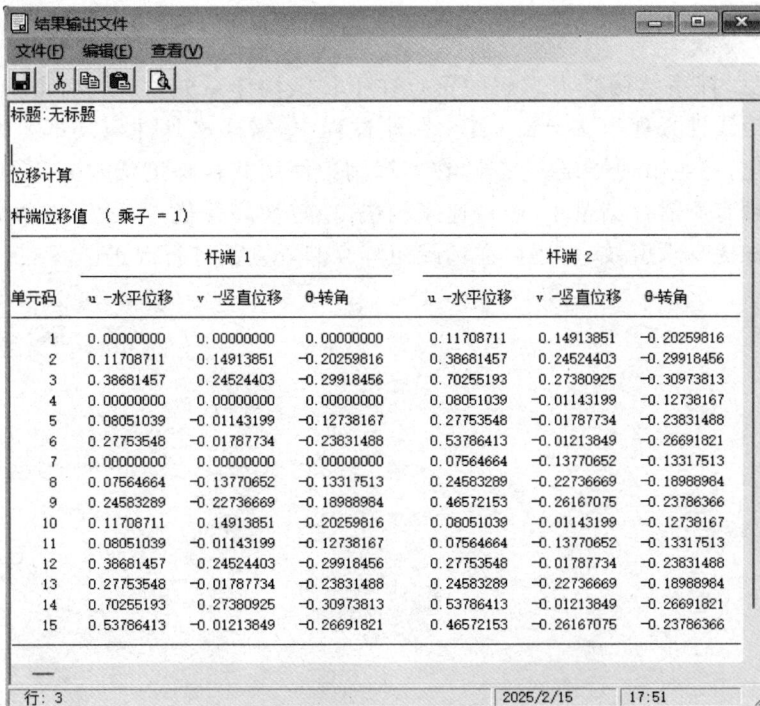

图 B-10 结构力学求解器计算结果

可见与前述计算结果相当一致,说明该计算方法可以满足结构计算的准确性要求。

4. 单元位移及内力分析

基于(6)式可得到各单元在全局坐标系下的杆端力 F^e,从而可得到整个结构的内力图,如图 B-11 所示。

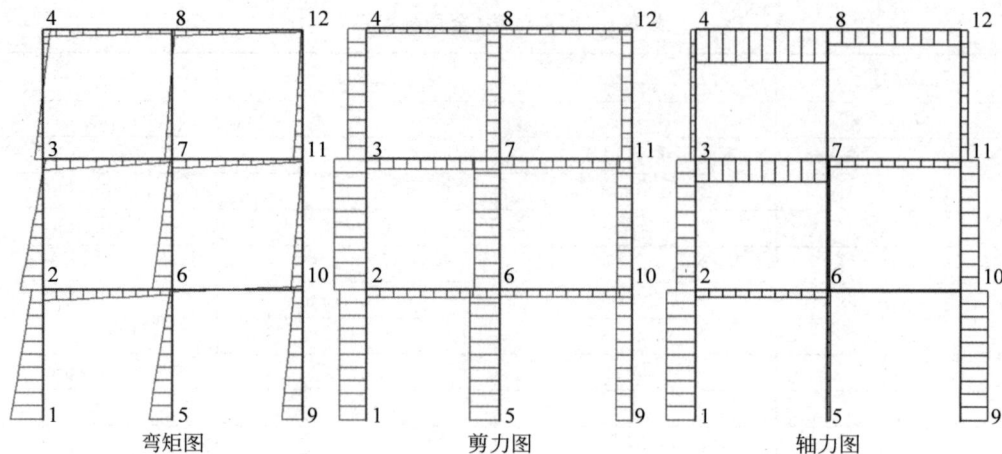

图 B-11　内力图

可知,结点1处弯矩最大,单元(2)中剪力最大,单元(4)中轴力最大,据此可以提出一些关于结构设计、监测或加固的建议。

五、实验总结

由上述可见,杆系结构受力求解的重点在于将结构体系数值化,实际上也就是将结构受力问题抽象为线性方程组 $F = K \cdot \Delta$。在此过程中,需要格外注意局部坐标系与全局坐标系之间的转化,避免出现错误。此外,在本算例中使用共轭梯度法对方程组进行求解,是因为这种方法具有所需存储量小、收敛速度较快、稳定性高等优点,适于求解大型线性方程组。若想进一步提高求解效率,还可在稀疏矩阵存储等方面进行改进。

课后习题参考答案 ▶▶▶

实 验 一

习题：改变上述 Algorithm1/2 中初始误差项的大小，观察误差传播情况。

答案

以初始误差为 0.001 为例，Algorithm1 在迭代几步后出现明显偏差，而 Algorithm2 则能够保持稳定。

代码为

```
// Program 类
internal class Program
{
    static void Main(string[] args)
    {
        // 算法实现
        Console.WriteLine("Algorithm1");
        ErrorPropagation.Algorithm1();
        Console.WriteLine("\nAlgorithm2");
        ErrorPropagation.Algorithm2();
        // 误差传播
        Console.WriteLine("\nAlgorithm1_2");
        ErrorPropagation.Algorithm1_2();
        Console.WriteLine("\nAlgorithm2_2");
        ErrorPropagation.Algorithm2_2();
        // 数值积分
        Console.WriteLine("\n 数值积分");
        for (int i = 0; i < 10; i++)
        {
            Console.WriteLine("I" + i + ":" + ErrorPropagation.
            I(i).
            ToString());
        }
        Console.ReadKey();
    }
}
```

```
// 数值积分
public static double I(double n)
{
    double factorial = 1;
    double result = 0;
    for (int i = 1; i <= 10; i++)
    {
        result += 1 / (n + i) / factorial;
        factorial *= i;
    }
    return result / Math.E;
}
```

实　验　二

习题：分别通过调用 GaussElimination. Solve 以及手算两种方法求解线性方程组

$$\begin{cases} 10^{-16} x_1 + x_2 = 1 \\ x_1 + x_2 = 2 \end{cases}$$

答案

方程的解为 $[1,1]$，偏差 $\boldsymbol{Ax} - \boldsymbol{b}$ 为 $[0,0]$

代码为

```
// Program 类
public class Program
{
    public static void Main(string[] args)
    {
        GaussElimination. Sample();
        Console. ReadKey();
    }
}
// GaussElimination. Sample 方法
public class GaussElimination
{
    ...
    public static void Sample()
    {
        Matrix A = new Matrix(new double[,] {
            { 1e - 16, 1 }, { 1, 1 }});
        Vector b = new Vector(1, 2);
        Vector x = Solve(A, b);
        Console. WriteLine("\n 解为:\n" + x);
        Console. WriteLine("\n 偏差 Ax - b 为:\n" + (A * x - b));
    }
}
```

实　验　三

习题：尝试给出 5 阶 Hilbert 矩阵的行列式值、1-范数、2-条件数以及其逆矩阵的行列式值、2-范数、1-条件数。

答案

5 阶 Hilbert 矩阵 H_5 的行列式值：3.74929513251522E-12

H_5 的 1-范数：2.28333333333333

H_5 的 2-条件数：476607.25024253

H_5 的逆矩阵的行列式值：266716800000.021

H_5 的逆矩阵的 2-范数：304142.841677005

H_5 的逆矩阵的 1-条件数：943656.000000042

代码为

```
// Program 类
internal class Program
{
    static void Main(string[] args)
    {
        var H5 = Matrix.Hilbert(5);
        Console.WriteLine(H5.Determinant());
        Console.WriteLine(Norm.One(H5));
        Console.WriteLine(ConditionNumber.Two(H5));
        var H5Inv = H5.Inverse();
        Console.WriteLine(H5Inv.Determinant());
        Console.WriteLine(Norm.Two(H5Inv));
        Console.WriteLine(ConditionNumber.One(H5Inv));
        Console.ReadKey();
    }
}
```

实　验　四

习题：尝试给出如下矩阵的 QR 分解结果、特征值、特征向量及谱半径：

$$A = \begin{bmatrix} 6 & 2 & 1 & -1 \\ 1 & 4 & 1 & 3 \\ 3 & 2 & 4 & -1 \\ -1 & 0 & -2 & 3 \end{bmatrix}$$

答案

$$Q = \begin{bmatrix} 0.8752 & -0.2184 & -0.4259 & -0.0702 \\ 0.1459 & 0.9541 & -0.1549 & -0.2106 \\ 0.4376 & 0.1609 & 0.7357 & 0.4913 \\ -0.1459 & 0.1265 & -0.5033 & 0.8422 \end{bmatrix}$$

$$R = \begin{bmatrix} 6.8557 & 3.2090 & 3.0632 & -1.3128 \\ 0 & 3.7016 & 1.1266 & 3.2993 \\ 0 & 0 & 3.3687 & -2.2845 \\ 0 & 0 & 0 & 1.4739 \end{bmatrix}$$

特征值和特征向量为

$$\lambda_1 = 7.6831, \quad \lambda_2 = 5.2820, \quad \lambda_3 = 3.0000, \quad \lambda_4 = 1.0349$$

$$\boldsymbol{x}_1 = \begin{bmatrix} -1.5610 & -0.0331 & -1.5610 & 1 \end{bmatrix}^T$$

$$\boldsymbol{x}_2 = \begin{bmatrix} -0.7607 & 1.1534 & -0.7607 & 1 \end{bmatrix}^T$$

$$\boldsymbol{x}_3 = \begin{bmatrix} 4.6667 & -5.3333 & -2.3333 & 1 \end{bmatrix}^T$$

$$\boldsymbol{x}_4 = \begin{bmatrix} 0.6550 & -1.4536 & -0.6550 & 1 \end{bmatrix}^T$$

谱半径为 7.6831

代码为

```
// Program 类
internal class Program
{
    static void Main(string[] args)
    {
        QRIteration.Sample1();
        Console.ReadKey();
    }
}
// QRIteration.Sample1 方法
public static void Sample1()
{
    Matrix A = new Matrix(new double[,] {
        { 6, 2, 1, -1 },
        { 1, 4, 1, 3 },
        { 3, 2, 4, -1 },
        { -1, 0, -2, 3 }
    });
    var QR = Factorize(A);
    Matrix Q = QR.Item1;
    Matrix R = QR.Item2;
    Console.WriteLine("Q 为: \n" + Q);
    Console.WriteLine("\nR 为: \n" + R);
    Console.WriteLine("\n 特征值为" + EigenValues(A));
    Console.WriteLine("\n 特征值为" + EigenVector(A));
    Console.WriteLine("\n 谱半径为" + SpectralRadius(A));
}
```

实 验 五

习题：分别调用 JacobiIteration 类和 GaussSeidelIteration 类中的 Solve 方法求解如下方程组，并对其收敛速度及结果精度进行比较

$$\begin{cases} 11x_1 + 3x_2 + x_3 + 5x_4 = 1 \\ 3x_1 + 13x_2 + 6x_3 + x_4 = 2 \\ x_1 + 6x_2 + 14x_3 + 2x_4 = -9 \\ 5x_1 + x_2 + 2x_3 + 9x_4 = 8 \end{cases}$$

答案

1）Jacobi 迭代法：

迭代次数：98

解向量 x 为：$[-0.642061855671312, 0.700618556700006, -1.09896907216586, 1.41195876288533]^{\mathrm{T}}$

偏差 $Ax-b$ 为：$[-2.3644197710837\mathrm{E}\text{-}11, -2.36868302749826\mathrm{E}\text{-}11, -2.2643220631835\mathrm{E}\text{-}11, -2.0333068562195\mathrm{E}\text{-}11]^{\mathrm{T}}$

2）Gauss-Seidel 迭代法：

迭代次数：28

解向量 x 为：$[-0.642061855663934, 0.700618556697422, -1.09896907216252, 1.41195876288303]^{\mathrm{T}}$

偏差 $Ax-b$ 为：$[4.16342516018631\mathrm{E}\text{-}11, -1.74276149067509\mathrm{E}\text{-}11, 1.13207221374978\mathrm{E}\text{-}11, 0]^{\mathrm{T}}$

代码为

```csharp
// Program 类
internal class Program
{
    static void Main(string[] args)
    {
        JacobiIteration.Sample();
        GaussSeidelIteration.Sample();
        Console.ReadKey();
    }
}
// JacobiIteration 类
public class JacobiIteration
{
    // GaussSeidelIteration.Sample 方法与之类似
    public static void Sample()
    {
        Matrix A = new Matrix(new double[,] {
                { 11, 3, 1, 5 },
                { 3, 13, 6, 1 },
                { 1, 6, 14, 2 },
                { 5, 1, 2, 9 }});
        Vector b = new Vector(1, 2, -9, 8);
        Vector x = Solve(A, b);
        Console.WriteLine("x 为\n" + x);
        Console.WriteLine("偏差 Ax-b 为");
        Console.WriteLine(A * x - b);
    }
}
```

实 验 六

习题：请尝试修改松弛因子，测试看看上述算例中 SOR 迭代法的最少迭代次数。

A. 25～28 次   B. 21～24 次   C. 17～20 次

D. 13～16 次   E. 9～12 次

答案

E，$\omega=1.1426$ 时，迭代次数为 12 次

代码为

```
// Program 类
internal class Program
{
    static void Main(string[] args)
    {
        SORIteration.Sample();
        Console.ReadKey();
    }
}
// SORIteration.Sample 方法
public static void Sample()
{
    Matrix A = new Matrix(new double[,] {
            { 6, 2, 0, 0},
            { 2, 5, 1, 0 },
            { 0, 1, 4, -2 },
            { 0, 0, -2, 3 }});
    Vector b = new Vector(0, 0, 0, 1);
    // 修改 w 并观察输出
    double w = 1;
    Vector x = Solve(w, A, b);
    Console.WriteLine("x 为\n" + x);
    Console.WriteLine("\n 偏差 Ax - b 为");
    Console.WriteLine(A * x - b);
}
```

实 验 七

习题：请使用上述不同算法求解色散方程

$$0.5 = 10x \cdot \tanh(30x)$$

提示：求解的初始区间可取为 $[0,1]$，可使用 C# 的 Math.Tanh 函数计算 $\tanh(\cdot)$。

答案

二分法迭代次数：34

二分法结果：0.0540606224676594

不动点法迭代次数：10

不动点法结果：0.0540606224842507

代码为

```
// Program 类
internal class Program
{
    static void Main(string[] args)
    {
        FixedPoint.Sample();
        Console.ReadKey();
    }
}
// FixedPoint.Sample 方法
public static void Sample()
{
    UnaryFunction f = x => 10 * x * Math.Tanh(30 * x) - 0.5;
    double zeroB = Bisection.FindZero(f, 0, 1);
    Console.WriteLine("二分法结果:" + zeroB);

    UnaryFunction phi = x => 0.05 / Math.Tanh(30 * x);
    double zeroF = FixedPoint.Iterate(phi, 0.1);
    Console.WriteLine("不动点法结果:" + zeroF);
}
```

实 验 八

习题：在以下选项中能够收敛到$\dfrac{1}{\sqrt{2}}$的迭代过程有(　　　)。

A. $\varphi(x) = \dfrac{1}{2x}$，常规不动点迭代法，迭代初值取 1.0

B. $\varphi(x) = \dfrac{1}{2x}$，Steffensen 迭代法，迭代初值取 1.0

C. $f(x) = x^2 - 0.5$，Newton 迭代法，迭代初值取 1.0

D. $f(x) = \dfrac{1}{x^2} - 2$，Newton 迭代法，迭代初值取 1.0

E. $f(x) = \dfrac{1}{x^2} - 2$，Newton 迭代法，迭代初值取 2.0

F. $f(x) = \dfrac{1}{x^2} - 2$，割线法，迭代初值取 1.0 和 2.0

答案

B,C,D,F

A. 不动点迭代法，迭代次数：1000，循环出现 1.0

B. Steffensen 迭代法,迭代次数:4,0.70710678118107

C. Newton 迭代法,迭代次数:7,0.707106781186548

D. Newton 迭代法,迭代次数:7,0.707106781186548

E. Newton 迭代法,迭代次数:8,NaN 不收敛

F. 割线法,迭代次数:11,0.707106781186548

代码为

```
// Program 类
internal class Program
{
    static void Main(string[] args)
    {
        // 对于不同选项,此处仅需更改调用的相应的类及方法即可
        // A,B: FixedPoint.Sample; C-F: NewtonIteration.Sample
        NewtonIteration.Sample();
        Console.ReadKey();
    }
}
// A,B 选项对应的 FixedPoint.Sample
public static void Sample()
{
    UnaryFunction phi = x => 0.5/x;
    double zeroF = FixedPoint.Iterate(phi,1);
    // double zeroF = FixedPoint.Steffensen(phi,1);
    Console.WriteLine(zeroF);
}
// C 选项对应的 NewtonIteration.Sample
public static void Sample()
{
    double a = 0.5;
    double x0 = 1;
    UnaryFunction f = x => x * x - a;
    UnaryFunction f1 = x => 2 * x;
    double zeroN = NewtonIteration.FindZero(f, f1, x0);
    Console.WriteLine(zeroN);
}
// D, E 选项对应的 NewtonIteration.Sample
public static void Sample()
{
    double a = 2;
    // E 选项 x0 = 2
    double x0 = 1;
    UnaryFunction f = x => 1 / (x * x) - a;
    UnaryFunction f1 = x => -2 / (x * x * x);
    double zeroN = NewtonIteration.FindZero(f, f1, x0);
    Console.WriteLine(zeroN);
}
// F 选项对应的 NewtonIteration.Sample
```

```
public static void Sample()
{
    double a = 2;
    // 或取 x0 = 2
    double x0 = 1;
    UnaryFunction f = x => 1 / (x * x) - a;
    UnaryFunction f1 = x => -2 / (x * x * x);
    double zeroN = NewtonIteration.FindZero(f, x0, x0 + 1e-5);
    Console.WriteLine(zeroN);
}
```

实 验 九

习题：对函数 $f(x)=\sin x$ 在 $[0,1]$ 上进行 Lagrange 插值，测试插值节点数的增加对于给定点 $x_0=\sqrt{1/2}$ 处误差的影响。使误差界不超过 1E-4 的最少节点数是多少？

答案

4

代码为

```
// Program 类
internal class Program
{
    static void Main(string[] args)
    {
        LagrangeInterp.Sample();
        Console.ReadKey();
    }
}
// LagrangeInterp.Sample 方法
public static void Sample()
{
    UnaryFunction f = Math.Sin;
    for (int i = 1; i < 10; i++)
    {
        Vector xs = Vector.Range(i) / i;
        Vector ys = xs.Mapping(f);
        Polynomial pL = LagrangeInterp.GenPolynomial(xs, ys);
        UnaryFunction fL = pL.ToFunction();
        double x0 = Math.Sqrt(0.5);
        Console.WriteLine("n = " + i);
        Console.WriteLine(f(x0) - fL(x0));
    }
}
```

输出结果为

－5.07802299893889E-05

实 验 十

习题：基于下列条件

(1) $x = [0,1,2,3]$,(2) $y = [0,0.5,2.0,1.5]$,(3) $f''(x_3) = 3.3$,(4) $f''(x_0) = -0.3$

调用 CubicSpline 类中的方法，获得其三次样条函数，并输出下列结果：

(1) 请给出通过三次样条插值方法得到的第一段多项式

＊直接输出 Polynomial 即可，无需转化为 UnaryFunction

(2) 请给出该多项式在 0 和 1 处的一阶导数、二阶导数和三阶导数值

＊调用 Polynomial 类的 Derivative 方法

答案

多项式：$0.5x^3 - 0.15x^2 + 0.15x$

$x = 0$ 处：0.15；-0.3；3

$x = 1$ 处：1.35；2.7；3

代码为

```
// Program 类
internal class Program
{
    static void Main(string[] args)
    {
        CubicSpline.Sample1();
        Console.ReadKey();
    }
}
// CubicSpline.Sample1 方法
public static void Sample1()
{
        Vector xs = new Vector(0, 1, 2, 3);
        Vector ys = new Vector(0, 0.5, 2, 1.5);
        double M0 = -0.3;
        double M3 = 3.3;
        var pw = CubicSpline.GenPiecewise(xs, ys, M0, M3);
        Polynomial p = pw[0];
        Console.WriteLine(p);
        Console.WriteLine("在 x = 0 处: ");
        double x0 = 0;
        Polynomial p1 = p.Derivative();
        Console.WriteLine("1 阶导数: " + p1.AsFunction(x0));
        Polynomial p2 = p1.Derivative();
        Console.WriteLine("2 阶导数: " + p2.AsFunction(x0));
        Polynomial p3 = p2.Derivative();
        Console.WriteLine("3 阶导数: " + p3.AsFunction(x0));
        Console.WriteLine("在 x = 1 处: ");
        x0 = 1;
```

```
        Console.WriteLine("1 阶导数: " + p1.AsFunction(x0));
        Console.WriteLine("2 阶导数: " + p2.AsFunction(x0));
        Console.WriteLine("3 阶导数: " + p3.AsFunction(x0));
    }
```

实验十一

习题：用 $s(x)=a_0x+a_1\mathrm{e}^x+a_2x\mathrm{e}^x$ 逼近目标函数

$$f(x)=x^3+0.1\sin(1000x)$$

即 $v_0(x)=x,v_1(x)=\mathrm{e}^x,v_2(x)=x\mathrm{e}^x$，输出误差及组合系数。

答案

拟合误差：0.877327622538678

组合系数：$[-0.659574953932953,-0.0380819810018697,0.663767106664125]$

代码为

```
// Program 类
internal class Program
{
    static void Main(string[] args)
    {
        LeastSquare.Sample1();
        Console.ReadKey();
    }
}
// LeastSquare.Sample1 方法
public static void Sample1()
{
    UnaryFunction f = x => x * x * x + 0.1 * Math.Sin(1000 * x);
    int n = 100;
    Vector xs = Vector.Range(n) / n * 2;
    Vector ys = xs.Mapping(f);
    Vector Y0 = xs.Mapping(x => x);
    Vector Y1 = xs.Mapping(x => Math.Exp(x));
    Vector Y2 = xs.Mapping(x => x * Math.Exp(x));
    Vector a = LinearFit(ys, Y0, Y1, Y2);
    Console.WriteLine(a);
}
```

实验十二

习题：

1. 改变划分区间数可以改变复合求积精度。在上例中使用梯形公式进行复合求积，至少需要划分几个区间可以将误差控制在 10^{-10} 以内？

2. 如果改用 Simpson 公式进行复合求积，则至少需要划分几个区间可以将误差控制在

10^{-10} 以内？

答案

100000；100

代码为

```
// Program 类
internal class Program
{
    static void Main(string[] args)
    {
        Romberg.Sample2();
        Console.ReadKey();
    }
}
// Romberg.Sample2 方法
public static void Sample2()
{
    double w = 1;
    UnaryFunction f = x => Math.Cos(w * x);
    UnaryFunction If = x => 1 / w * Math.Sin(w * x);
    double low = 0, up = 2;
    double I = If(up) - If(low);
    Console.WriteLine("准确值: " + I + "\n");
    int n1 = 100000;
    double I1 = CompositeIntegral.Trapezoid(f, low, up, n1);
    Console.WriteLine(n1 + "段复合梯形公式求积: " + I1);
    Console.WriteLine("误差: " + (I1 - I) + "\n");
    int n2 = 100;
    double I2 = CompositeIntegral.Simpson(f, low, up, n2);
    Console.WriteLine(n2 + "段复合 Simpson 公式求积: " + I2);
    Console.WriteLine("误差: " + (I2 - I) + "\n");
}
```

输出结果为

准确值：0.909297426825682

100000 段复合梯形公式求积：0.909297426796719

误差：-2.89631651995137E-11

100 段复合 Simpson 公式求积：0.909297426876198

误差：5.05158137542594E-11

实验十三

习题：在 UnaryFunctionExtension 类中的 Sample 方法中补全代码：

```
public static void Sample()
{
    double w = 1;
    UnaryFunction f = x => Math.Sinh(w * x)/w;
```

```
    double low = -0.5;
    double up = 1;
    Console.WriteLine("积分: " + f.Integral(low, up));
    Console.WriteLine("微分: " + ???);
    Console.WriteLine("割线法求零点: " + ???);
    Console.WriteLine("二分法求零点: " + ???);
}
```

实现下述要求:

(1) 求 f 在 $[-0.5,1]$ 上的定积分(已实现,作为示例);

(2) 求 f 在 $x=1$ 处的 1 阶导数;

(3) 利用割线法求零点(初值自定);

(4) 利用二分法求零点(初始区间自定)。

答案

(2) 1.54308063481524

(3) 1.73549399148623E-29

(4) −2.91038304567337E-11

代码为

```
// Program 类
internal class Program
{
    static void Main(string[] args)
    {
        UnaryFunctionExtension.Sample2();
        Console.ReadKey();
    }
}
// UnaryFunctionExtension.Sample2 方法
public static void Sample2()
{
    double w = 1;
    UnaryFunction f = x => Math.Sinh(w * x)/w;
    double low = -0.5;
    double up = 1;
    Console.WriteLine("积分: " + f.Integral(low, up));
    Console.WriteLine("微分: " + f.Differential(1, 1));
    Console.WriteLine("割线法求零点: " + f.FindZero(1));
    Console.WriteLine("二分法求零点: " + f.FindZero(low, up));
}
```

实验十四

习题:参考 $R=1,2,3$ 时的显式 Runge-Kutta 方法,补充完成 $R=4$ 时的代码。

答案

```
core = (x, y) =>
    {
        double K1 = f(x, y);
        double K2 = f(x + half, y + half * K1);
        double K3 = f(x + half, y + half * K2);
        double K4 = f(x + h, y + h * K3);
        return y + h / 6 * (K1 + 2 * K2 + 2 * K3 + K4);
    };
```

实验十五

习题：参考求解 Runge-Kutta4 方法，补充完成梯形方法中 core 函数的代码。

```
public static Tuple<Vector, Vector[]> Trapzoid(Func<double, Vector,
Vector> f, double x0, Vector Y0, double xn, double h)
{
    int n = (int)((xn - x0) / h) + 1;
    Vector xs = new Vector(n);
    Vector[] Ys = new Vector[n];
    xs[0] = x0;
    Ys[0] = Y0;
    double half = h / 2;
    Func<double, Vector, Vector> core = (x, Y) =>
    {
        return Y;
    };
    for (int i = 1; i < n; i++)
    {
        xs[i] = xs[i - 1] + h;
        Ys[i] = core(xs[i - 1], Ys[i - 1]);
    }
    return new Tuple<Vector, Vector[]>(xs, Ys);
}
```

答案

```
Func<double, Vector, Vector> core = (x, Y) =>
{
    Vector k0 = f(x, Y), YInit = Y + k0 * h;
    double x1 = x + h;
    return FixedPoint.Iterate(Y1 => Y + h / 2 * (k0 + f(x1, Y1)), YInit);
};
```